30mm F8 1/100s ISO400

35mm F5.6 1/2000s ISO100
50mm F2.2 1/50s ISO500

90mm F4 1/60s ISO100

Canon EOS 5D 35mm f8 1/1300s ISO100
35mm F8 1/20s ISO200

Canon EOS 5D 180mm f5.6 1/100s ISO100

100mm F4 1/100s ISO200

100mm F4 1/90s ISO100

ZOOM LENS

数码单反摄影完全学习手册

实拍版

e摄影 编著

14-42 mm

机械工业出版社
CHINA MACHINE PRESS

这是一本讲解摄影技巧的手册，主要内容包括数码单反相机、摄影的基本常识、镜头的魅力、构图缔造形式美感、光线缔造画面氛围、人像拍摄技巧、 风景拍摄技巧、静物拍摄技巧、生态拍摄技巧、其他分类摄影、数码摄影的附件等。

本书内容丰富，语言通俗易懂，以图文并茂的方式使读者获得知识的同时，充分领略摄影的独特魅力，将笔者的心得体会和经验总结出来。无论你是否了解摄影，都可以在本书的指导下，逐渐步入摄影艺术的殿堂。本书不仅适合广大普通摄影爱好者，也适合拥有中、高档摄影器材的专业摄影人士。

图书在版编目（CIP）数据

数码单反摄影完全学习手册：实拍版/e 摄影编著．—北京：机械工业出版社，2012.5

ISBN 978-7-111-38262-1

Ⅰ．①数… Ⅱ．①e… Ⅲ．①数字照相机－单镜头反光照相机－摄影技术－技术手册 Ⅳ．①TB86-62 ②J41-62

中国版本图书馆 CIP 数据核字（2012）第 088708 号

机械工业出版社（北京市百万庄大街 22 号 邮政编码 100037）

策划编辑：丁 伦　　责任编辑：丁 伦

责任校对：纪 敬　　责任印制：乔 宇

北京汇林印务有限公司印刷

2012 年 10 月第 1 版第 1 次印刷

184mm × 260mm · 17.75 印张 · 441 千字

0001—3500 册

标准书号：ISBN 978-7-111-38262-1

ISBN 978-7-89433-606-4（光盘）

定价：79.00 元（含 1CD）

凡购本书，如有缺页、倒页、脱页，由本社发行部调换

电话服务

社服务中心：（010）88361066

销售一部：（010）68326294

销售二部：（010）88379649

读者购书热线：（010）88379203

网络服务

教材网：http://www.cmpedu.com

机工官网：http://www.cmpbook.com

机工官博：http://weibo.com/cmp1952

封面无防伪标均为盗版

Introduction

前言

随着数码技术的不断发展与更新，数码相机逐渐走进人们的生活。摄影是一种新的尝试，在人生的旅途中，每一个不再重复的瞬间，我们用相机把它们定格。

越来越多的人开始使用数码单反相机，它比起传统的胶片单反相机显得更为方便、快捷，它自动和手动的功能让我们拍摄的照片更专业。数码单反相机在传统单反相机的基础上加入了数码技术，凭借高品质的影像质量、人性化的操作方法，已经成为越来越多摄影爱好者的忠实伴侣。

本书介绍了数码单反相机入门的基本知识，以及构图、用光等各种摄影技巧。由于相机操作的可扩展性较强，需要理解的知识很多，想拍好摄影作品具有一定的难度，本书对摄影的基础知识点都加以介绍，并附样片说明，让摄影技术通俗易懂。书中包含人物、风光、静物、动物、弱光等大量精彩的实例，从不同的拍摄题材入手，根据每种表现的需要，每张精彩照片都附有经验及知识点的介绍。

本书特色

易学易会：本书对摄影基础知识点，包括相机简介、对焦、曝光、测光、光圈、快门、白平衡等，进行了由浅入深的全面解析，让读者更容易掌握，融会贯通。

全面探索：本书对摄影构图技巧、摄影用光技巧、人物摄影技巧、风光摄影技巧、静物摄影技巧、建筑摄影技巧、自然物摄影技巧、动物摄影技巧、微距摄影技巧、弱光摄影技巧都进行了专题性的深入探索。利用实例解析每一种技巧。

实拍解析：本书对生活中常见的各种的场景进行实拍解析，清楚地描述了在拍摄中应该注意的要点、知识点和注意事项，方便摄影爱好者清楚地知道每一种摄影技巧的操作方法。

读者对象

本书适合广大初级摄影爱好者。书中每一章节都介绍了某一专题性的基本知识和技术要点，让摄影爱好者在掌握摄影知识的同时，也欣赏了精彩的图片，在美学方面提高艺术修养。书中针对生活中人像拍摄、风光拍摄、静物拍摄、动物拍摄等进行了大篇幅精彩实例解析说明。看完本书，你会发现自己也能轻松拍摄出具有专业水准的照片。

参与本书编写的人员有钱政华、王育新、贺海峰、杜娟、谢青、吴淑莹、杨晓杰、李靖华、蒋芳、郝红杰、田晓鹏、郑东、侯婷、吴义娟、张龙、苏雨、倪茜、师立德、袁碧悦、张毅、刘晖。

由于作者水平有限，书中疏漏和不足之处在所难免，恳请广大读者给予批评和指正。

编　者

目 录

第1章 数码单反相机

Contents

第2章 摄影的基本常识

目录

第3章 镜头的魅力

第4章 构图缔造形式美感

Contents

第5章 光线缔造画面氛围

目录

第6章 人像拍摄技巧

Contents

第7章 风格拍摄技巧

目录

Contents

第8章 静物拍摄技巧

第9章 生态拍摄技巧

目录

Contents

第1章 数码单反相机

数码科技飞速发展的今天，数码单反相机慢慢地开始接替传统单反相机的地位，它操作方便、即拍即看、不再像以前洗胶卷那么麻烦等诸多的优势越来越受到大家的喜爱。本章就围绕数码单反相机本身为大家介绍其性能、拍摄中的最基本的概念和数码单反相机的结构功能，希望大家认真学习，在实践中不断提高自己。

1.1 数码单反相机简介

1.1.1 什么是数码单反相机

数码单反相机是专业级的数码相机，用其拍摄出来的照片，无论是在清晰度还是在照片质量上都是一般相机不可比拟的。

时尚的卡片机

类似传统相机的高端消费类数码相机

传统胶片单反相机

数码单反相机

采用单反技术的数码照相机只有一个镜头，这个镜头既负责摄影也负责取景。这样基本上能解决视差造成的照片质量下降的问题。而且使用单反相机取景时，来自被摄物体的光线经镜头聚焦，被斜置的反光镜反射到聚焦屏上成像，摄影者通过取景目镜就能观察景物。因此，取景、调焦都十分方便。在摄影时，反光镜会立刻弹起来，快门开启使感光元件感光；曝光结束后快门关闭，反光镜复位。这就是数码相机中的单反技术，现在的数码相机采用这种技术后就成为专业级的数码单反相机。

1.1.2 相机的传感器

决定数码单反相机成像质量的主要因素就是传感器，目前数码单反相机通常采用CCD或CMOS作为传感器。一般来说，感光元件的尺寸越大，元件的性能和成像的效果也就越好，如果你追求的是高画质的照片，那就要选择尺寸大一些的CCD或CMOS。

目前数码单反相机比较常用，包括价格比较昂贵的135全画幅单反相机，其CCD（CMOS）的大小和传统的135胶片相机底片尺寸一样。

数码单反相机的感光元件

1.2 数码单反相机的组成部分

1.2.1 机身

在使用数码单反相机进行拍摄之前，让我们首先来了解相机各部分的名称和功能，这里我们使用佳能（Canon）的5D Mark Ⅱ来为大家介绍：

Canon EOS 5D Mark Ⅱ

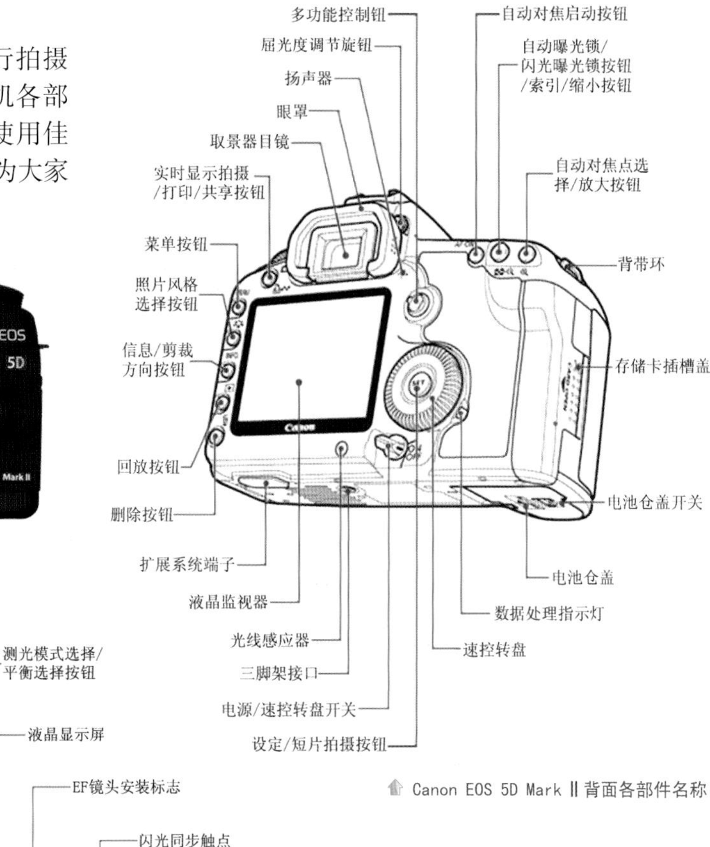

Canon EOS 5D Mark Ⅱ背面各部件名称

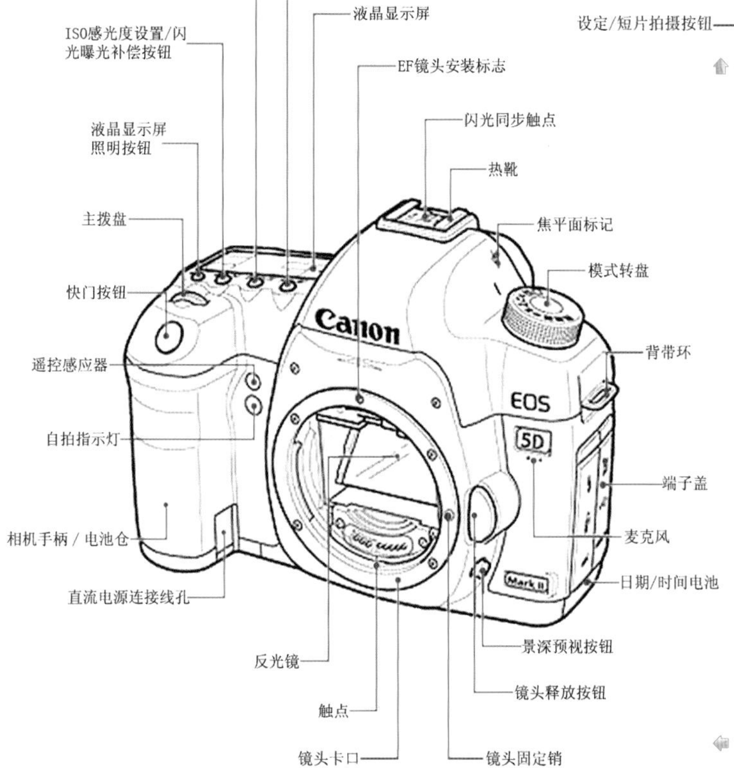

Canon EOS 5D Mark Ⅱ正面各部件名称

1.2.2 镜头

数码单反相机之所以能获得专业摄影师和摄影爱好者的喜爱，和它庞大的镜头系统支持是分不开的。尼康的部分数码单反相机甚至可以使用其最早生产的胶片单反相机镜头。

镜头是相机成像质量的保证，它关系到摄影作品的清晰度、色彩甚至构图。了解镜头，就等于了解了自己的“第三只眼睛”。镜头的作用是成像，外部结构基本为有限的操作部分，内部基本构成部分是镜片、光圈和镜筒。而在电子技术发展的今天，众多先进技术如超声波对焦系统、防抖动（减震）系统等也被加入进来。

对焦环：有超声波对焦功能的镜头中，自动对焦的同时可以进行手动调焦。没有超声波功能的镜头自动对焦时对焦环也转动，因此不能同时进行手动对焦

变焦环：按箭头方向转动会在镜头的不同焦距之间变换。需要注意的是有些镜头的变焦环在后边

镜头信息触点：通过这些触点将镜头得到的信息传送给机身

镜头前端丝口：旋入滤镜等附件

镜头接口：连接镜头与机身，需要注意的是不同品牌的相机接口一般不同

镜头焦距指示

镜头焦距状态、对焦距离状态、镜头安装指示标记

镜头性能参数标识：包括镜头焦距、光圈、所用镜片、对焦技术等一系列性能特点在内的标识

遮光罩卡槽：将遮光罩上的指示标记对准镜头上的安装标记，将遮光罩转动约90°旋入卡槽

镜头功能操作切换开关：开关在“A”处镜头处于自动对焦状态，开关在“M”处镜头处于手动对焦状态。镜头功能不同，开关多少也不同，不同品牌镜头的操作方式也不同

1.3 数码单反相机的成像原理

1.3.1 数码单反相机物理成像

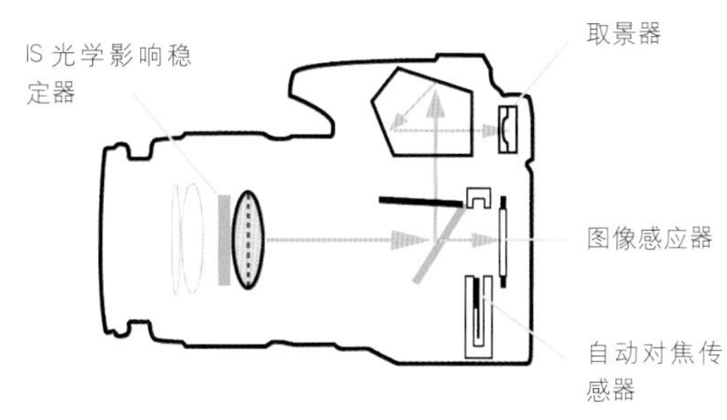

数码相机成像示意图

摄影师按下快门拍摄时，反光镜会立刻弹起来，镜头光圈自动收缩到预定的数值，光线直接入射到感光元件上，快门开启感光成像。曝光结束后快门关闭，反光镜和镜头光圈同时复位，完成一次曝光。这就是相机中的单反相机技术，数码相机采用这种技术后就成为专业级的数码单反相机。

单反相机的特点是依靠单支镜头取景、对焦和拍摄。相机取景时，光线从镜头入射，通过安装在机身上的45°反光镜向上折射到对焦屏上成像，然后通过五棱镜投射到取景器中。摄影者通过取景器就能观察景物，而且是上下左右都与景物相同的影像，因此取景、调焦都十分方便。

数码单反相机与胶片单反相机相比，最主要的区别就在于胶片单反相机用于成像的是胶片，而数码单反相机用于成像的是图像感应器。

1.3.2 图像的储存

数码单反相机拍摄的照片最终以电子格式呈现给大家，合理地曝光后相机通过影像处理器把图像感应器上的信息直接存入储存卡中，并不是像传统的胶片单反相机一样，通过底片的银盐感光来成像。简单地说就是把原始的底片换成了数字时代的传感器。

图像感应器

光线转换为电信号，生成图像数据所需的基础部分。但在这一阶段尚未完成成像

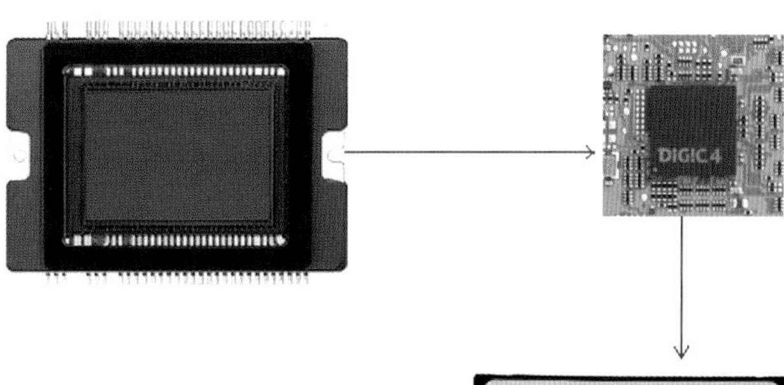

影像处理器

根据图像感应器所传输来的数据，生成数字图像。在这一部分将进行各种图像处理

感应器尺寸大小

全画幅尺寸：数码相机的感光芯片（CMOS、CCD）的尺寸等于或非常接近传统135相机底片36×24mm的大小，一般称为全画幅。

非全画幅尺寸：感光芯片小于36×24mm的大小，一般称为非全画幅

存储卡

承担着保存影像处理器所生成数据的任务。在这一部分没有与成像相关的操作

数码单反相机的成像过程

 1.4 如何选购数码单反相机

1.4.1 数码单反相机的选购

数码单反相机

数码单反相机能够带来更大的动态范围和性价比，拥有可以更换镜头，得到更优秀的画质，更短的快门时间，更快的操作和处理速度，更真实的取景，更快的连拍速度和更专业的操控等特性，这些是普通数码相机无法比拟的。

对于使用者来说，数码单反相机并不是完全没有缺点。首先，数码单反相机的体积、重量远远高于普通数码相机，附件例如镜头、闪光灯、滤镜等都使得数码单反相机不便于携带。

其次，数码单反相机的 CCD/CMOS 传感器容易沾染灰尘。尽管现在的大多数码单反相机都装有超声波装置，可以清除 CCD/CMOS 传感器上的部分灰尘，但有些灰尘仍无法自动清除。

1.4.2 选购数码单反相机的注意事项

对焦速度、快门时滞、连拍速度——这些指标对于新闻摄影、体育摄影、野生动物摄影、快照摄影等都非常重要。对数码单反相机来说，性能提高是伴随价格上升的。

机身寿命

一般数码单反相机快门寿命为 5 万次，中高档数码单反相机的寿命可达 8 至 10 万次，专业数码单反相机的快门寿命最长可达 15 万次以上。实际使用中，如果经常使用高速连拍功能，快门寿命将会降低。LCD 液晶屏的使用寿命大概在 1000 小时。影响数码单反相机寿命的部件还有反光取景系统。频繁使用，容易引发反光取景系统故障。

闪光灯系统

对专业摄影师来说，闪光灯测光与曝光系统是非常重要的，各厂商在闪光灯系统自动化方面都有各自的“独门绝招”，可以根据不同的需要进行选择。

镜头群

数码单反相机的优势就在于可更换镜头，原厂镜头的支持及独立镜头厂商的产品是否丰富到满足具体需要，是一个不容忽视的问题。

快门

最高快门速度和最慢快门速度是衡量数码单反相机快门性能的两个关键性指标。最高闪光灯同步速度，这也是衡量一部数码单反相机性能是否优秀的标志。

手感、外形和重量

在不考虑价格的情况下，专业数码单反相机的体积和重量也不是每一个人能接受的。体积小巧、重量较轻的入门级数码单反相机更适合普通人群使用。

数码单反相机目前被少数几个厂商垄断生产，“一分价钱一分货”的道理在数码单反相机这个领域是绝对的真理。为了满足高负荷、高强度的专业摄影用途，最好是选择专业的数码单反相机。如果只是个人爱好，或是一般的家用则可根据个人的经济状况来选择。

1.4.3 数码单反相机和小型数码相机的对比

数码单反相机的独特魅力在于它具有可扩展性以及完美的画质。与小型数码相机相比，不仅外型有区别，更重要的是其内部的基本结构存在很大的差异。

小型数码相机的造型各异，而且非常时尚；数码单反相机的造型基本上一样，只是在局部有着一定的区别。

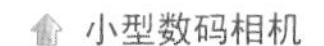
小型数码相机

数码单反相机

数码单反相机和小型数码相比，在画质上存在的巨大差异，最主要的原因就在于它们接受光线、进行成像的图像感应器的大小不同。与通常采用1/2英寸（in）型图像感应器的小型数码相机相比，数码单反相机一般采用的APS-C尺寸图像感应器拥有约其13倍的面积。因此在电子性能方面也拥有众多优点。

小型数码相机通过观看背面液晶监视器来进行拍摄，画面无法跟被摄体的运动同步，因此无法获得预期的构图效果。而在数码单反相机拍摄的照片（左下），通过光学取景器甚至能够

数码单反相机拍摄的照片如上图：利用长焦镜头拍摄，人物后面的背景很好地虚化掉，突出人物，照片的画质很清晰

小型数码单反相机一般都是广角端的镜头拍摄的，而且画面的尺寸比较方正，其成像质量会差很多

及时对人物的表情进行观察确认。

众多镜头根据各自的光圈亮度及特性不同而被详细分类，能够充分使用这些镜头，正是数码单反相机的真正魅力所在。当拍摄者希望将被摄体稍微放大一些或者希望对整个场景进行拍摄时，只需更换镜头或调节镜头焦距就能够轻松得到预期的效果。

数码单反相机可以更换对应其卡口的镜头，从广角到长焦的效果只要更换镜头就可以实现，甚至可以更换微距镜头

1.5 数码单反相机的拍摄模式

1.5.1 风光模式

使用数码单反相机模式转盘中的“风光”模式拍摄

35mm F11 1/100s ISO100
使用风光模式拍摄反差比较小的景物时，相机能够准确地测光真实的还原景物的影调、色彩，综合性地对取景器中的景物进行测光

风光模式比较适合拍摄具有广阔空间感的风景。与其他模式相比，风光模式在景物的色彩表现上饱和度较高，可以把蓝天和绿树表现得非常鲜艳，拍摄出清晰而鲜明的照片。

在使用风光模式进行拍摄时，如果想要进一步强调风景的展现和深度，就应该使用广角镜头。这样可以得到比从眼前到远处更准确对焦的照片。即使是标准变焦镜头，也尽量使用广角端，这样拍摄出来的照片更具广阔的空间感。

在风光模式下，内置闪光灯不会自动闪光，所以也可以拍摄没有人物的夜景。但是，在夜景拍摄中，快门的速度会变得比较慢，所以应使用三脚架来防止相机的抖动。如果想要在夜景中拍摄人像，可以选择使用夜景人像模式，此种模式可以拍摄出漂亮的人物及夜景的照片。

65mm F4.5 1/30s ISO200
使用风光模式拍摄反差大的景物时，例如逆光的效果，有时候也能得到非常不错的效果。相机以明亮部位作为曝光依据，自然形成剪影效果

1.5.2 人像模式

采用人像模式拍摄时，相机会将镜头的光圈设定成接近全开状态，使焦点只对准人物，这样有利于虚化人物的背景。

在拍摄中，希望通过虚化背景来凸现人物主体的时候，使用人像模式非常有效。设置为人像模式以后，可以拍摄出背景虚化的照片。由于画质的调整变成对人像的调整，所以与其他自动模式相比，照片中人物的肌肤、头发会显得更柔美。而且，在逆光或暗光照条件下闪光灯会自动闪光，为被摄者进行补光。在人像模式下，数码相机的驱动模式会自动设置成连拍状态，持续按快门按钮，则会进行连拍。

另外，如果想得到更加虚化的背景，就应该尽可能地把人物和背景间的距离拉开。使用变焦镜头时，应把镜头设定为远焦端，将焦点对准在人物的脸上，若使用远摄镜头，效果更佳。

数码单反相机模式转盘中的“人像”模式

使用人像模式拍摄，同时使用大光圈来虚化背景，完美控制景深效果

85mm F4 1/500s ISO100

1.5.3 运动模式

运动拍摄模式适合于拍摄从人物的运动姿态到赛车等高速运动，把焦点对准于运动主体的照片。它是一种把人工智能伺服自动对焦系统与高速快门组合在一起的模式。持续按下快门按钮，可以进行连拍。

数码单反相机模式转盘中的“运动”模式

拍摄运动主体的时候，拍摄者与被摄体之间的距离一般都很远。所以，若使用长焦镜头，就可以把被摄体拍摄成很大。拍摄动态物体时，即使采用运动模式，与一般摄影相比会出现手抖动或者错过拍摄时机的问题。防止这些情况发生的要点是通过连拍增加拍摄照片的数量。另外，如果被摄体从画面中移出，焦点就会移动到背景处，返回到被摄体上时，多少需要一些时间，需要注意。

35mm F2 1/500s ISO100
运动模式拍摄人物跳起的瞬间，相机会自动设置高速快门抓拍

1.5.4 微距模式

100mm F4.5 1/200s ISO200
微距模式能把我们肉眼不容易观察的景物以 1：1 的比例放大，从而在视觉上突出所拍摄的景物

利用微距拍摄模式可以轻松地把昆虫、花朵及小物件等微小的被摄体拍摄得很大，还可以用于拍摄手工艺品及在网上拍卖的小物品等。

数码单反相机模式转盘中的“微距”模式

在弱光条件下，相比内置闪光灯会自动弹起并闪光，还可以防止抖动。但是，具体可以放大拍摄到什么程度是由使用的镜头来决定。如果想要将物体拍摄出更大的效果，可使用变焦镜头的远摄端。

如果使用微距镜头，即使是很小的东西也可以拍摄出让人惊讶的照片。采用微距模式拍摄的时候，如果能选择比较清净的背景，将更容易突出表现被摄物体。

使用微距镜头

在使用数码单反相机的微距模式时一定要使用微距镜头进行拍摄，这种镜头专门拍摄微小的景物，镜头分辨率很高，畸变像差极小，反差比较大，而且能真实地还原色彩。最主要的是它能把微小的景物放大给我们看，给人焕然一新的感觉。

微距镜头

1.5.5 手动模式

手动模式（Manual Mode），除自动对焦外，光圈、快门、感光度等与曝光相关的所有设定都必须由拍摄者事先完成。对于初学者和拍摄诸如落日一类的高反差场景以及要体现个人思维意识的创作性题材图片时，建议使用手动模式，这样可以依照自己要表达的立意，任意改变光圈和快门速度，创造出不同风格的影像，而不用管什么 18% 的灰度色了。在手动模式下曝光正确与否是需要自己来判断的，但在使用时必须半按快门释放钮，这样就可以在机顶液晶屏上或观景窗内看到内置测光表所提示的曝光数值。

数码单反相机模式转盘中的“手动”模式

那么，何时需要手动模式？首先相机设定曝光最长时间为 30s，只有在快门优先和手动模式下拍摄者才能够进行长时间快门速度设定，其他模式下都是相机根据光线条件自动设定的。另外，相机的最高闪光同步速也只能在这两个模式下设定，通常相机默认的同步速度为 1/60s。最后，由于相机内置测光表无法测量瞬间光源，因此在影棚内使用阴影式闪光灯拍摄时，也只能使用手动模式参照测光表，获得正确曝光。

13mm F2 1/500s ISO100

手动设置相机的快门速度为 1/500s 拍摄，人物跳起的姿态被凝固住，照片清晰

135mm F5.6 1/60s ISO100

手动设置相机的快门速度为 1/60s 拍摄，由于快门速度太慢，照片模糊

100mm F2.8 1/500s ISO100

手动设置相机的光圈为 F2.8 拍摄，人物背后的景物看起来比较模糊

100mm F8 1/125s ISO100

手动设置相机的光圈为 F8 拍摄，人物背后的景物并不虚化，不能很好地凸显出人物

1.5.6 夜景人像模式

在夜晚拍摄人物时，需要使用闪光灯，但常常出现的情况是，人物曝光正常，但是背景却一片漆黑。使用夜景人像模式，相机依据设置会自动弹出内置闪光灯对人物进行补光，并在背景、夜景曝光和闪光灯补光曝光之间找到一个平衡（放慢快门速度使背景充分曝光，输出适量闪光使人物正常曝光），使背景和人物在不同的光线下都曝光正常，获得一张漂亮的夜景留念照。

数码单反相机模式转盘中的“夜景人像”模式

需要注意的是：夜景人像曝光的时间较长，使用三脚架会使背景避免因手抖动而模糊。同样在室内灯光条件下拍摄人物选用夜景人像模式也可以得到环境和人物曝光都比较理想的照片。

50mm F2 1/10s ISO200

拍摄窍门

- 拍摄夜景人像照片时需要一个三脚架。
- 使用小光圈拍摄，景深比较大。
- 如果要手持拍摄则要采用大光圈和高感光度进行拍摄，但是噪点必然会增加。
- 使用点测光模式，不要使用评价测光模式。

1.6 数码单反相机的曝光模式

1.6.1 全自动（AUTO）模式

AUTO

全自动(AUTO)模式就是与曝光相关的设定（测光模式、光圈、快门、感光度白平衡、对焦点、闪光灯等）都由相机自动设定，通俗地说就是“傻瓜”模式。在这种模式下，拍摄者只须关注拍什么就行了，剩下的事情由相机来决定，对于不具备任何曝光知识、没有摄影经验的人来说，这是最便捷的拍摄模式了。但这种模式通常是运用在入门级数码单反相机和部分准专业级数码单反相机，而专业级数码单反相机是不具备此功能的。

100mm F3.5 1/2500s ISO100
使用全自动模式拍摄：在被摄场景的光线充足、反差适中等情况下，可以获得影像素质等各方面都比较理想的照片

全自动(AUTO)模式在大多数场景下都可获得效果不错的照片，但是拍摄者只能任由相机安排，无法控制闪光、速度、景深等，拍摄者主动控制画面效果的可能性几乎不存在。从这一点来说，全自动模式是一个虽方便但不自由的模式，对于想掌握较高水平的摄影知识的拍摄者来说，我们不提倡使用这个功能。

1.6.2 光圈优先（AV）模式

35mm F8 1/400s ISO100 小光圈拍摄

50mm F2 1/200s ISO100 大光圈拍摄

Av

光圈优先模式是最常用到的模式，不仅便于测光后立即拍摄，还能通过光圈的大小控制景深效果

光圈优先(AV)模式是一个图像曝光由手动和自动相结合的“半自动”模式，这一模式下光圈由拍摄者设定（光圈优先），相机根据拍摄者选定的光圈结合拍摄环境的光线情况设置与光圈配合达到正常曝光的快门速度。

这一模式体现的是光圈的功能优势，光圈的基本功能是和快门组合曝光，还有一个重要功能就是控制景深。选择了光圈优先模式，也可以说是选择了“景深优先”模式，需要准确控制景深效果的摄影者往往选择光圈优先模式。

1.6.3 快门优先（TV）模式

快门优先模式也是一个照片曝光由手动和自动相结合的“半自动”模式，与光圈优先模式相对应，这一模式下快门由拍摄者设定（快门优先），相机根据拍摄者选定的快门结合拍摄环境的光线情况设置与快门配合达到正常曝光的光圈。

不同的快门速度拍摄运动的物体会获得不同的效果，“高速快门”可以使运动的物体“呈现凝结效果”，“慢速快门”可以使运动的物体“呈现不同程度的虚化效果”，手持拍摄时快门速度的选择也是保证成像清晰或运动物体清楚的关键因素。

35mm F11 1/10s ISO250
小光圈慢速拍摄水流，水流形成了雾状效果

35mm F8 1/20s ISO250
稍微把快门速度提高一些，水流的形态也发生了变化

35mm F2.8 1/200s ISO100
把快门速度提高到1/200s时，水流被凝固住

1.6.4 程序自动（P）模式

P

程序自动模式简称“P”档，此模式是相机将若干组曝光程序（光圈快门不同的组合）预设于相机内，相机根据被摄景物的光线情况自动选择相应的组合进行曝光。通常在这个模式下还有一个“柔性程序”，也称程序偏移，即在相机给定曝光相应的光圈和快门时，在曝光值不改变的情况下，拍摄者还可选择另外组合的光圈快门，可以选择高速快门或大光圈。

程序自动模式的自动功能仅限于光圈和快门的调节，而相机功能的其他设置都可由拍摄者自己决定，如：感光度、白平衡、测光模式等。这是一个自动与手动相结合的曝光模式。在方便快捷的同时又能给予拍摄者自由发挥的空间，摄影初学者可从此模式入手以了解相机的曝光原理和相机的设定功能。

50mm F4.5 1/250s ISO100
使用全自动模式拍摄：在被摄场景的光线充足、反差适中等情况下的画面

1.7 数码单反相机的测光模式

1.7.1 选择合适的测光模式

面对不同的环境、不同的被摄体、不同的光线条件选择相对应的测光模式，现在的数码单反相机一般都有三种测光模式：一种是分区测光模式（矩阵测光、分区评价测光），是针对多数场景下的顺光、侧光、散射光等环境下的亮度，景物大多反差适中，没有过暗或者过亮的地方；第二种是中央重点平均测光模式，是针对主体位于画面的中央位置，且主体的灰度色约为18%，或者摄影者希望主体的灰度色凝固在画面上时，是18%的灰度色；第三种是点测光模式，也叫局部测光，是当主体在画面的面积较小，或者主体处于阴影、背光等环境下适用的测光模式。

1.7.2 点测光模式

点测光，这种模式下测光元件测量画面中心很小的范围。点测光是专业摄影师常用的测光模式，把相机镜头多次对准被摄主体各部分，逐个测出其亮度，最后由摄影者根据测得的数据决定曝光参数。点测光模式在人像拍摄时也是一个好工具，可以准确地对人物局部（例如鼻子甚至眼睛）进行准确的曝光。

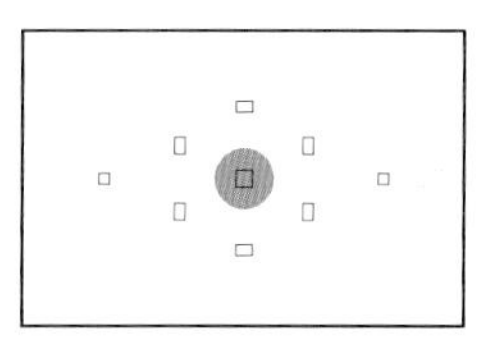

135mm F2 1/450s ISO100
使用点测光模式对人物的脸部测光 拍摄人像照片，皮肤得到正常的曝光，会比较白皙

1.7.3 矩阵测光模式

矩阵测光，这种测光模式和评价测光差不多，都是在画面中测量很多个区域，按平均18%的灰度认为是正确的曝光，给出一个曝光组合。在舞台、演出、逆光等场景中这种模式最为合适。而佳能是坚持采用中央部分测光（局部测光）的厂商，这可以让没有点测光功能的相机在拍摄一些光线复杂条件下的画面时减小光线对主体的影响。

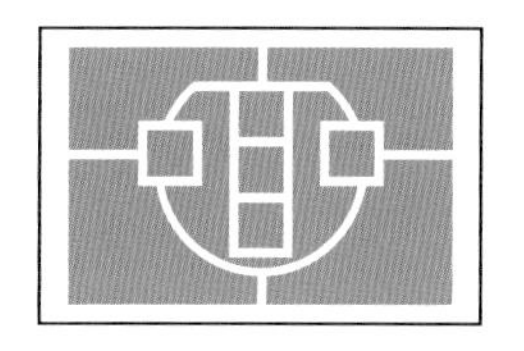

85mm F5.6 1/300s ISO100
矩阵测光能根据现场光线和拍摄距离进行综合运算，给出最适合的曝光组合，测光更准确

1.7.4 评价测光模式

评价测光（或称分割测光，尼康称为平均测光）的测光方式是一种比较新的测光技术。评价测光的测光方式与中央重点测光最大的不同就是评价测光将取景画面分割为若干个测光区域，每个区域独立测光后在整体整合加权计算出一个整体的曝光值。最开始的评价测光模式一般分割数比较少，佳能、美能达、宾得等品牌的相机也都有类似的测光模式，区别仅在于测光区域分布或者分析算法不同。

多区评价测光是目前最先进的智能化测光方式，是模拟人脑对拍摄时经常遇到的均匀或不均匀光照情况的一种判断，即使对测光不熟悉的人，用这种方式一般也能够得到曝光比较准确的照片。这种模式更加适合于大场景的照片，例如风景、团体合影等，在拍摄光源比较正、光照比较均匀的场景时效果最好，目前已经成为许多摄影师和摄影爱好者最常用的测光模式。

24mm F11 1/800s ISO100
评价测光模式对取景器中的景物进行曝光

1.7.5 中央重点平均测光模式

中央重点测光模式是一种传统测光模式，它主要是考虑到一般摄影者习惯将拍摄主体也就是需要准确曝光的物体放在取景器的中间，所以这部分拍摄内容是最重要的。因此负责测光的感光元件会将相机的整体测光值有机地分开，中央部分的测光数据占据绝大部分比例，而画面中央以外的测光数据作为小部分比例起到测光的辅助作用。经过相机的处理器对这两格数值加权平均之后的比例，得到拍摄的相机测光数据。大多数相机的测光算法是重视画面中央约 2/3 的位置，对周围也给予某些程度的考虑。这种测光模式适合拍摄个人旅游照片、特殊风景照片等。

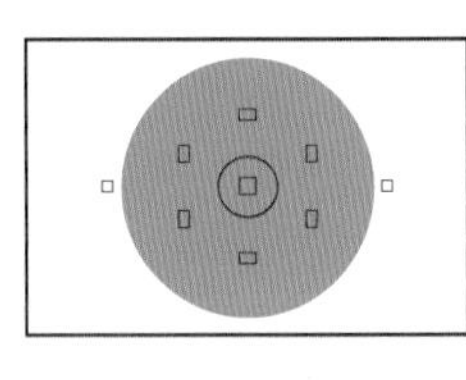

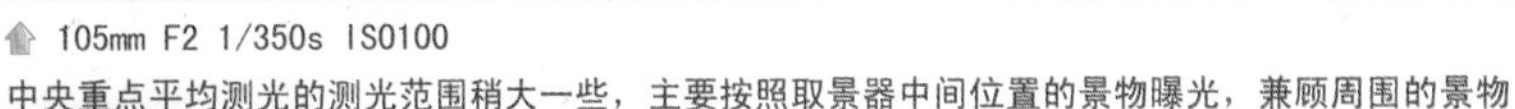

105mm F2 1/350s ISO100
中央重点平均测光的测光范围稍大一些，主要按照取景器中间位置的景物曝光，兼顾周围的景物

1.8 数码单反相机的对焦与驱动模式

正确对焦是拍摄照片的基础，它左右着照片的好坏。虽然操作简单，但也应掌握其基础知识，勤加练习以便保证对焦效果。

数码单反相机有两种对焦方式：自动对焦（AF）和手动对焦（MF）。自动对焦（AF）又分为多种不同的对焦模式，常见的包括单次自动对焦（AF-S）、连续自动对焦（AF-C）和智能自动对焦（AF-A）。

自动对焦是对过去采用手动方式合焦的操作进行了自动化。半按快门按钮后，自动对焦功能将启动，开始进行自动对焦，是非常方便的功能。

1.8.1 对焦模式

单次自动对焦（ONE SHOT）模式

单次自动对焦模式的工作过程是：半按快门启动自动对焦模式，在焦点未对准确前对焦过程一直在继续。一旦处理器认为焦点对准确后，自动对焦系统停止工作，焦点被锁定，取景器中的合焦指示灯亮起。只要将快门完全按下就完成了一次拍摄过程。

使用单次自动对焦时，如果对焦完成之后，完全按下快门之前，被摄主体移动了，拍摄到的就很可能是一张模糊的照片。

50mm F2 1/200s ISO100
单次自动对焦模式适合拍摄静止的有主体的景物

连续自动对焦（AI SERVO）模式

由于单次自动对焦模式不能很好地“跟踪”运动中的物体，给一些拍摄带来了很大的不便，因此需要使用连续自动对焦模式来跟踪拍摄不断变化的运动主体。

与单次自动对焦模式工作过程不同的是，连续自动对焦模式在处理器“认为”对焦准确后，自动对焦系统继续工作，焦点也没有被锁定。当被摄主体移动时，自动对焦系统能够实时根据焦点的变化驱动镜头调节，从而使被摄主体一直保持清晰状态。这样在完全按下快门时就能保证被摄主体对焦清晰。

200mm F3.5 1/450s ISO200
连续自动对焦模式适合跟踪拍摄运动的景物

手动对焦模式

45mm F11 1/500s ISO100
天空的反差小，相机在对准天空进行拍摄时不能很好地完成聚焦，这时候可以使用手动对焦模式

如果自动对焦模式无法合焦或者无法正确合焦，就需要切换到手动对焦模式，切换的方式根据相机的生产厂商和型号不同也略有区别。大多数数码单反相机的切换开关位于镜头上，当对焦切换开关位于 MF 挡时，表示处于手动对焦模式。

在下列情况下，使用手动对焦功能更能方便对焦。

- 被摄主体光线太暗或者现场光线严重不足。
- 被摄主体发光、有反光或者背景太亮。
- 被摄对象反差太强或太弱。
- 直接对着白墙或者天空拍摄。
- 透过模糊的玻璃拍摄。

1.8.2 驱动模式

数码单反相机的驱动模式通常有四种：单张拍摄、低速连拍（CL）、高速连拍（CH）、自拍。根据拍摄内容不同选择不同的驱动模式，单张拍摄模式常用于日常一般性的题材拍摄，拍摄运动的物体时选用连拍模式，被摄体运动快选用高速连拍，被摄体运动速度慢则选用低速连拍，拍摄新闻、体育等题材时，高速连拍的作用就非常显著了。

50mm F4.5 1/250s ISO200
高速连拍模式拍摄人物的运动姿态

1.9 数码单反相机的画质和尺寸

1.9.1 画质大小

每一台数码单反相机都有几种不同画质大小的设定，例如：佳能 550D 的画质分为 L：4288×2848；M：3216×2136；S：2144×1424。画质设置得越大照片的尺寸越大，信息多，占储存的空间也多，所以设置不同的画质大小需要根据自身的情况来进行确定。如果需要拍摄高精度的人像照片，就需要选择 L：4288×2848 这种尺寸的大小；如果拍摄的人像照片没有过多的要求，不想用更多的空间来保存人物照片时，可以选择最低的画质大小进行拍摄。

画质			记录的像素	文件尺寸（MB）	可拍摄数量	最大连拍数量
◢L	高画质	JPEG	约1790万像素（18M）	6.4	570	34
▟L				3.2	1120	1120
◢M	中等画质		约800万像素（8M）	3.4	1070	1070
▟M				1.7	2100	2100
◢S	低画质		约450万像素（4.5M）	2.2	1670	1670
▟S				1.1	3180	3180
RAW	高画质		约1790万像素（18M）	24.5	150	6
RAW+◢L				24.5+6.4	110	3

图像记录画质设置指南（使用 nG 的 CF 卡大约）

1.9.2 JPEG与RAW

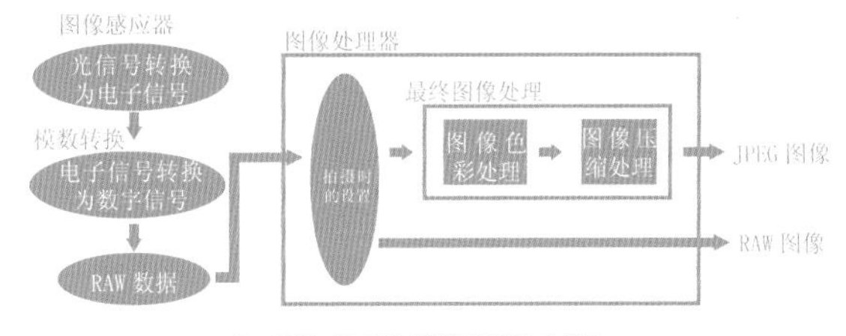

JPEG 与 RAW 图像的产生过程

用数码单反相机进行拍摄时，图像感应器会将捕捉到的光信号转变为电子信号，然后在数码相机内部进行模数转换等，这样就生成了未经各种处理的 RAW 图像数据。JPEG 图像是根据用户拍摄时的设置，通过数码相机内部的影像处理器对未经处理的 RAW 图像数据进行各种处理和数据压缩等生成的图像。JPEG 是通用性较高的一种数据存储格式，由于是经压缩处理后的图像，因此其数据量较小，在进行数据传输以及网络使用时均十分便利。

RAW 图像是未经数码相机影像处理器进行最终处理而保存下来的图像数据形式。几乎未经压缩，也完全没有进行各种处理，与记录拍摄时“用户的相机设置信息”数据被一同保存下来。要查看或处理 RAW 图像需要 RAW 显像软件 DPP。所谓 RAW 显像，是指决定 RAW 图像最终的图像处理条件、色彩处理以及压缩率等之后，将其转变为具有较高通用性的图像数据。换言之，RAW 显像就是对尚未经过最终图像处理的 RAW 图像进行最终处理的过程。因此，与经过再处理（对已完成最终图像处理的图像进行二次处理）的图像相比，其画质劣化较小。即使对色彩和亮度进行大胆调节也无需担心画质降低。此外，如下面对白平衡进行调节的实例所示，可以仿佛回到拍摄时一样，对相机进行重新设置，这种较高的可调节性是 RAW 图像的一大特征。对 RAW 图像的操作其实比很多人想象的简单得多，是一种相当方便的图像格式。

1.10 存储卡的使用

数码单反相机以存储卡作为照片的存储介质，购买相机时通常不提供存储卡，须要单独购买。下面介绍选购存储卡的要点和注意事项：

各种存储卡

品牌和售后服务

存储卡使用频率非常高，一旦出现问题，数据丢失导致的损失很可能无法估量。因此存储卡的售后服务对用户来说是非常重要的。建议选购知名品牌的存储卡，相机厂商除 SONY 松下外，均无储存卡生产，或者是 Kingston、SanDisk 等知名的内存厂商生产的存储卡。

下面介绍选购存储卡的要点和注意事项。

带上相机试卡

不同品牌的存储卡与相机的兼容性不同。不兼容或兼容不好的状况一般表现为存取速度过慢，读卡时间过长，出现数据读取或写入错误，甚至会出现死机的情况。因此，购买存储卡时，建议带上相机试卡，确保存储卡与相机兼容性良好。如果经常外出拍摄，建议存储卡容量不少于 4GB。为避免存储卡出现问题，建议将需要存储卡的总容量一分为二，购买两张，以确保正常的拍摄和数据的安全。本来需要 4GB 的容量，可购买 2GB 的存储卡 2 张。

插拔存储卡

存取速度

存储卡通常以“X”标记存取速度，“1X” = 150KB/s，表示 1 倍速。存储卡的写入速度会影响到相机操作的连续性和流畅性，如果经常使用高速连拍功能，建议选择存取速度为“133X”以上的存储卡，让您专心去捕捉最感动的画面。目前，有些厂商甚至推出了“350X”以上的极速存储卡。

存取速度为 300X 的 CF 存储卡

存取速度为 350X 的 CF 存储卡

存取速度为 133X 的 SD 存储卡

1.11 正确的持机方法

正确的单膝跪姿正面

正确的单膝跪姿侧面

正确的站姿拍摄正面

正确的站姿拍摄侧面

正确的站姿拍摄正面

错误的站姿拍摄姿势

采用正确的拍摄姿势能够让我们顺利完成拍摄，保证照片质量。为了防止手抖动，应该掌握正确的相机持机方法。

在竖向持机时，握持相机手柄的手一般位于上方。但当握持手柄的手位于上方时手臂更容易张开，所以要特别加以注意。

在降低重心进行拍摄时，应该单膝着地，用一支膝盖支撑手臂，这样可防止纵向手抖动。在实际的拍摄过程中，除了使用三角架固定相机进行拍摄外，持机方法和姿势随着拍摄情况的变化也有不同的变化。但不论采用哪种持机姿势，只要能够尽可能保证相机不出现抖动即可。

第2章 摄影的基本常识

要想使我们拍摄的照片更加完美，学习基本的摄影常识是非常有必要的，本章就为大家详细介绍摄影中的光圈、快门、景深、感光度、色温、白平衡、曝光、曝光补偿等知识。如果了解了这些基本常识，灵活运用到拍摄中，久而久之你也会成为出色的摄影师。

2.1 理解光圈

2.1.1 光圈概念

光圈是镜头内用来控制光线通过镜头进入机身内光量的装置。它的大小决定着通过镜头进入感光元件的光线的多少。光圈的大小使用 F 值来表示，光圈 F 值 = 镜头的焦距 / 镜头口径的直径。从公式可知要达到相同的光圈 F 值，长焦距镜头的口径要比短焦距镜头的口径大。

对于已经制造好的镜头，我们不可能随意改变镜头的口径。但是可以通过在镜头内部加入多边形或者圆型的、并且面积可变的孔状光栅来达到控制镜头通光量的装置，这个装置就叫做光圈。在实际应用中，光圈 F 值愈小，在同一单位时间内的进光量便愈多，而且上一级的进光量刚好是下一级的两倍。现在的许多数码单反相机在调整光圈时，可以做 1/3 级的调整。

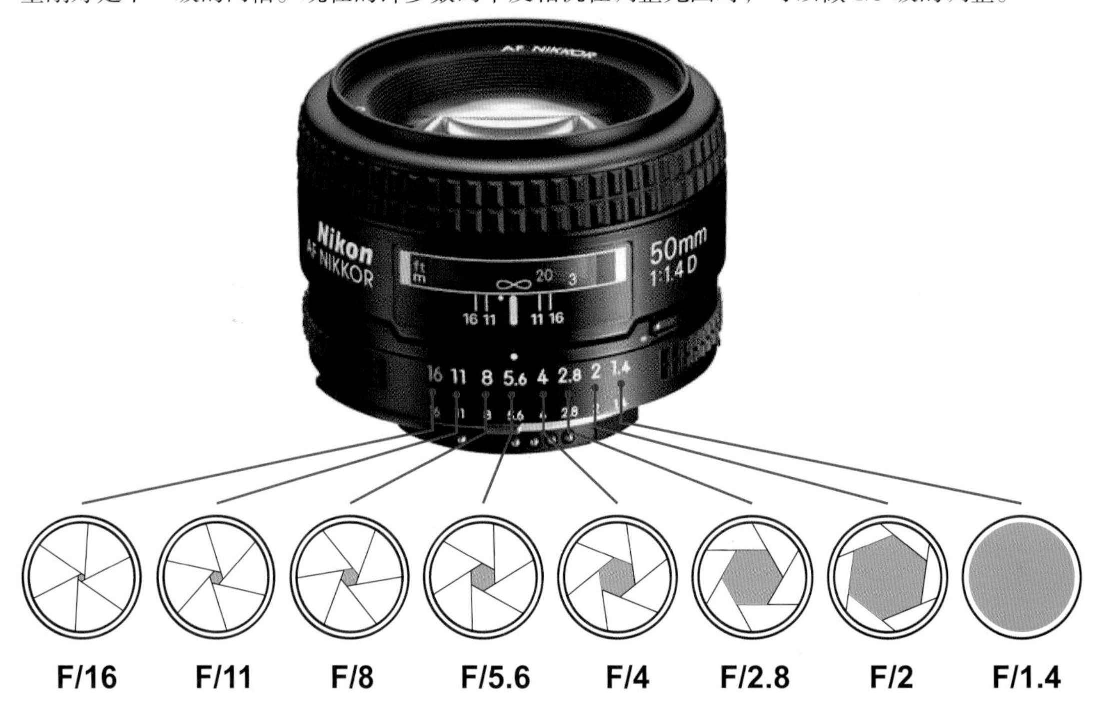

2.1.2 大光圈

大光圈可以使背景模糊，使主体人物的形象更加突出。

同样情况下，使用相同的镜头，光圈大小不同，背景的模糊程度会不同。光圈越大，背景越模糊，画面越简洁，主体也就显得更突出。

85mm F4.5 1/250s ISO100
大光圈将背景虚化，突出喇叭花

2.1.3 小光圈

小光圈，大景深，大家都知道这个道理，但是在拍摄景物的时候如果只是减少光圈，相机的自动曝光系统就会降低快门速度，导致拍摄的景物因为运动而模糊。所以在使用小光圈时，要先确定拍摄的景物是否移动，如果移动要先确定多少快门速度能把景物凝固住，再调整到合适的光圈值；如果景物不移动，可以把光圈缩到最小，但是务必要使用三脚架，保证画面足够清晰。

24mm F11 1/100s ISO100
拍摄大风景照片使用小光圈，景深大

2.2 理解快门

2.2.1 快门概念

机械快门

镜间快门

快门——是镜头前阻挡光线进入机身的装置，一般而言快门的时间范围越大越好。时间越长越适合拍摄运动中的物体，时间越短则可轻松抓拍到急速移动的目标。当想要拍摄夜晚街道上车水马龙的景象，快门时间越长，画面中动感的灯光效果越明显。

快门速度——是数码单反相机快门的重要参数，不同型号相机的快门速度是完全不一样的。快门速度通过秒(s)或几分之一秒来表示时间的长短。不同的相机生产厂家的机身会有不同的快门速度起始范围，这个范围也是很重要的。因此在使用相机时，要先了解其快门的速度。这样才能掌握好快门的释放时机，并捕捉到生动的画面。

2.2.2 高速快门与低速快门

85mm F5.6 1/500s ISO100
高速快门凝固人物划水的瞬间

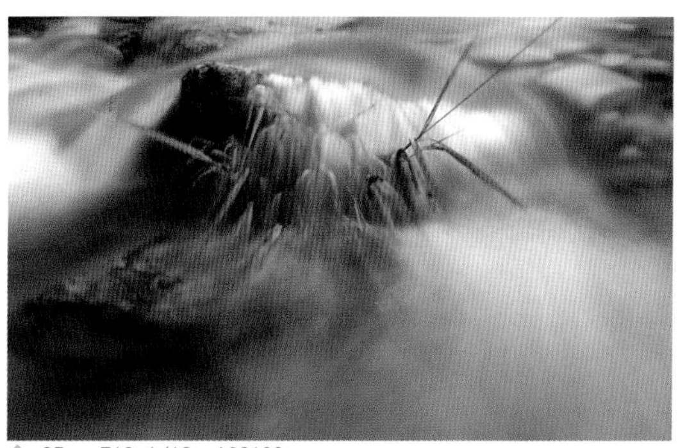

35mm F13 1/10s ISO100
低速快门拍摄流水形成雾状的效果

2.2.3 B门

45mm F11 3s ISO200
使用B门模式对水上的龙进行局部测光，然后按住快门进行曝光，释放快门完成拍摄

使用B门曝光，实际上是使用更慢的快门速度拍摄。它受拍摄者的控制，只要B门开启后，拍摄者不松手，快门就会开着，用几秒，甚至几十秒，让相机曝光。这样长时间地开着快门，一些点状的运动物体，由于移动，在照片上留下的影像呈线状，令人耳目一新。

仔细看看繁华的都市，高楼大厦、广告灯箱、各种灯光交相辉映。那彩色的线条，原来是汽车车灯留下的条条光带，它映出了城市夜晚车水马龙的热闹景象。这些明亮的光带，就是利用B门曝光拍摄的结果。

使用B门曝光，一般视运动物体的运动状况，决定开启时间的长短。拍夜景时需要使用稍小的光圈，如F8、F11、F16等，因为夜晚相机不容易对焦。光圈小了有较大的景深，可以弥补对焦的不足。用手长时间按着快门按钮，难免不动，有时会因此抖动照相机，引起画面模糊，所以要用三角脚架和快门线。曝光时间的长短应该根据主体的光线具体确定。因为曝光时间超过1s时，相机的测光没有太大意义。

2.3 理解景深

2.3.1 景深概念

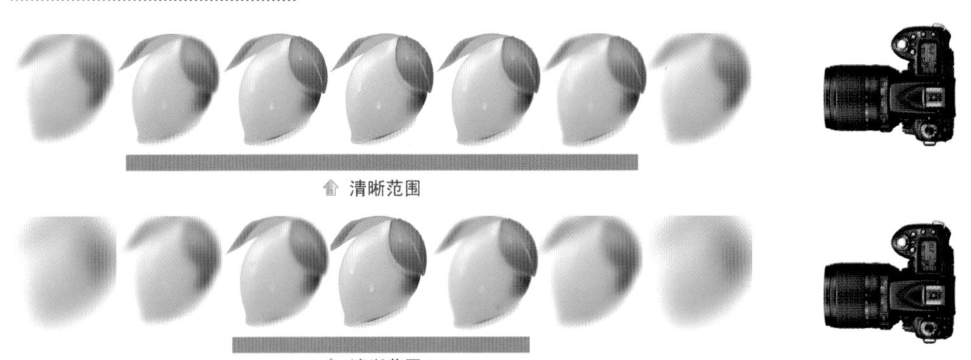

清晰范围

清晰范围

景深是指在相机镜头或其他成像器前，沿着能够取得清晰图像的成像器轴线所测定的物体距离范围。相机在聚焦完成后，在焦点前后的范围内都能形成清晰的像，这一前一后的距离范围，便叫做景深。

光轴平行的光线射入凸透镜时，理想的镜头应该是所有的光线聚集在一点后，再以锥状的形态扩散开来，这个聚集所有光线的一点，就叫做焦点。在焦点前后，光线开始聚集和扩散，影像开始变模糊。

2.3.2 影响景深的因素

一般情况下，有三个因素影响景深，即镜头焦距、相机与被摄体的距离、光圈的大小。

镜头的焦距越短，景深的范围就越大；光圈越小，景深就越大。一只超广角镜头几乎在所有的光圈下都有极大的景深。一只长焦镜头即使在最小光圈的情况下，景深范围也会非常有限。大部分数码单反相机都有景深预视按钮，所以在按下快门之前就可以预测到景深的情况。

35mm F8 1/100s ISO200

左图：广角、小光圈、远距离拍摄人物获得较大的景深，前后都是清晰的图像

100mm F3.5 1/400s ISO100

右图：长焦、大光圈、近距离拍摄人物，景深小、背景虚化

2.4 什么是感光度

2.4.1 感光度概念

ISO 是“国际标准化组织”按照胶片对光线的化学反应速度，而制定的胶片感光速度的标准。早在胶片时代我们就遵循这一行业标准，购买胶卷时包装上都会标示 ISO 100、ISO 200、ISO 400 这样的字样。此处的 ISO 数值越大，表示胶卷的感光速度越快。ISO 数值高的胶卷，只需要较弱的光线就能使胶卷生成影像，以便在同样亮度的光线条件下，可以使用较小的光圈或较高的快门速度，即感光度与所需的曝光量成反比。

在拍摄活动中改变数码相机的感光速度并不需要更换胶卷，只需调节相机内设 ISO 值即可。数码单反相机的 ISO 是一种类似于胶卷感光度的一种指标，实际上，数码单反相机的 ISO 是通过调整感光器件的灵敏度或者合并感光点来实现的，也就是说是通过提升感光器件的光线敏感度或者合并几个相邻的感光点来达到提升 ISO 的目的。

2.4.2 数码相机的感光度

我们都知道，当光线透过镜头射到 CCD/CMOS 上，相应强度的电荷量就会被蓄积在感光电极之下。单位面积存储电荷量的多少取决于单位面积感光单元受到光照的强弱。

提供高感光度时自然需要提供相应的增益幅度，在输出影像信号前都必须做相应的信号放大，因为 CCD/CMOS 的输出电频较低，尤其当环境光线黯淡时，为了使影像发生量变，放大器就按相应的 ISO 数值加大增益幅度。

此外，在给定的 CCD/CMOS 面积内增加像素数会导致保持感光度变得困难。单位像素的面积减小，入射光线强度减弱。如果为了提高 ISO 数值，调用更高的增益值将会导致影像质量的恶化。

在较暗的环境下，设置较高的 ISO 数值可以轻松拍摄出曝光较正常的照片。但是高感光度会使照片的画面不够细腻，特别是不利于表现有质感的物体，如人物的皮肤等。

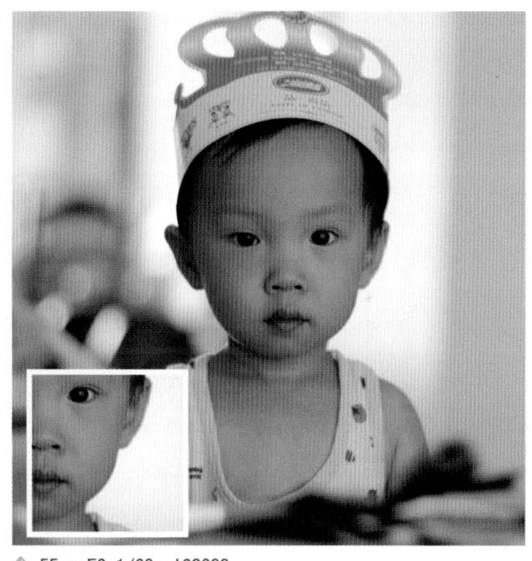

55mm F2 1/60s ISO200
低感光度在室内拍摄人物，画质比较细腻

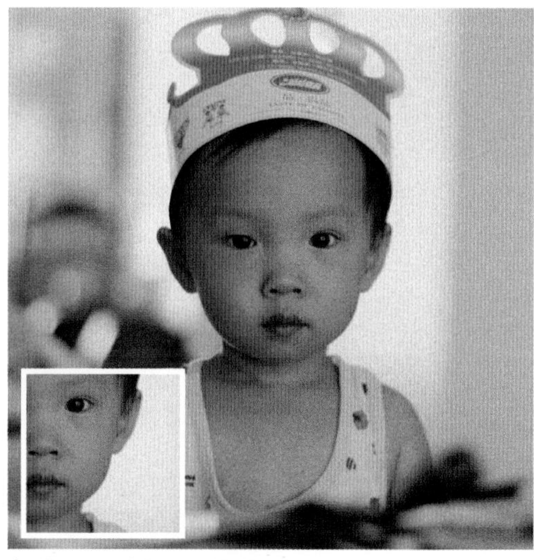

55mm F2 1/1000s ISO1600
高感光度拍摄室内人物会有许多噪点

85mm F2 1/100s ISO400

2.5 什么是色温

2.5.1 色温概念

要了解白平衡首先要了解色温，色温是按绝对黑体来定义的，绝对黑体指的是在辐射作用下既不反射也不透射，而把落在它上面的辐射全部吸收的物体，一个绝对黑体被连续加热，在不同的温度下会显示出不同的颜色，通常由低温到高温显示的颜色顺序为红 - 黄 - 白 - 蓝。当光源所发射的光的颜色和绝对黑体在某一温度下发出的光的颜色相同时，黑体这个温度称为该光源的颜色温度，简称“色温”。用绝对色温来表示，单位为 K（开尔文）。

自然光源中蓝色天空的色温大约为 19000~25000K，中午的日光约为 5400K，日出时日光约 1850K，100W 普通灯泡约为 2900K，蜡烛光约为 1850K。

2.5.2 高色温偏蓝、低色温偏黄

135mm F2 1/200s ISO200
上图：人物在阴影处拍摄，色温高照片稍微偏蓝色

85mm F2 1/60s ISO400
左图：室内的环境色温低，整个画面的色温偏黄色

在拍摄照片的时候，很多情况下照片都会出现偏色的现象，因为照明光源的变化，色温会有很大的差异，如果与相机机内设置的色温有很大的差距，会造成色彩偏色。

之所以出现偏色现象，是因为相机设置的色温和外界环境的色温不相一致导致的，如果保证设置的色温和外界环境色温一样就可以还原景物的色彩了。对于不同景物、不同的时刻，色温都在不断变化，可以用色温计测得数值，然后调整相机色温值。

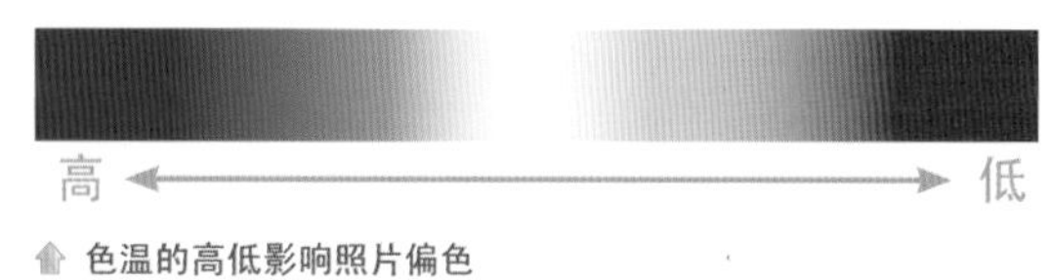

色温的高低影响照片偏色

不同光源环境的相关色温度光源色温：

北方晴空	8000-8500k
阴天	6500-7500k
正午阳光	5500k
金属卤化物灯	4000-4600k
下午日光	4000k
冷色荧光灯	4000-5000k
高压汞灯	3450-3750k
暖色荧光灯	2500-3000k
卤素灯	3000k

当相机设定的色温值与景物色温值一样时，拍摄的景物颜色就不会偏色；当相机设定的色温值比景物色温值高时，颜色会偏黄；当相机设定的色温值比景物色温值低时，颜色会偏蓝。

135mm F2.8 1/1000s ISO400

2.6 什么是白平衡

2.6.1 白平衡概念

白平衡在数码单反相机上以字母 WB 表示，实际是针对电子影像色彩真实再现而产生的概念，原来常用于电视摄像领域，现在数码相机和家用摄像机中也广泛使用。从数码相机的使用上来说，白平衡就是使相机拍摄的图像色彩正确还原的一种功能设置。

从字面意思理解，白平衡就是白色的平衡。人的大脑会自动调节不同光线条件下对色彩的感知，无论在日光下还是在在灯光下，我们都认为一张白纸是白色，也就是人眼看到的白色是真实再现而不偏色。当白色还原正常时，其他景物的影像也就接近人眼的色彩视觉习惯。但是相机不具备这样的适应性，这就需要我们进行相应的设置调整使影像接近人眼的视觉习惯，白平衡因此产生。

2.6.2 相机模式下白平衡色调

自动　日光5400K　阴影6000K

多云5800K　钨丝灯3400K　白色荧光灯6400K

闪光灯5500K　色温值2800K　色温值8000K

自动白平衡模式	相机根据环境光线的色温自行设定白平衡，此模式下准确性不是很高
日光模式（约 5400K）	在晴天户外光线下选择此模式
阴天模式（约 6000K）	多云或阴天光线环境下适用
荧光灯模式（约 6400K）	荧光灯环境下适用
钨丝灯模式（约 3400K）	室内钨丝灯环境下适用
闪光灯模式（约 5500K）	使用闪光灯时选择此模式

2.7 什么是直方图

随着数码单反相机图形技术的不断发展，很多相机内都设置了直方图。对于初学者来说，一般很少用到，但它有着不可忽视的作用。

在一张图片的直方图中，横轴代表的是图像中的亮度，由左向右，从全黑逐渐过渡到全白；纵轴代表的则是图像中处于这个亮度范围的像素的相对数量。当直方图中的黑色色块偏向于左边时，说明这张照片的整体色调偏暗，也可以理解为照片欠曝。而当黑色色块集中在右边时，说明这张照片整体色调偏亮，除非是特殊构图需要，否则我们可以理解为照片过曝。

没有谁能说直方图的波形是什么样的才是曝光正确的，判断一张图曝光是否正确，关键是要看它是否符合拍摄者的需要。直方图有两个作用：一是可以检查图像的曝光情况，特别是室外太阳光线很强时，看图像不能看清曝光情况，就可以看直方图来判断曝光是否正确；二是在拍摄者按下快门前，给拍摄者提供一个准确的画面明暗分布情况，方便拍摄者调整曝光参数。

柱状图显示

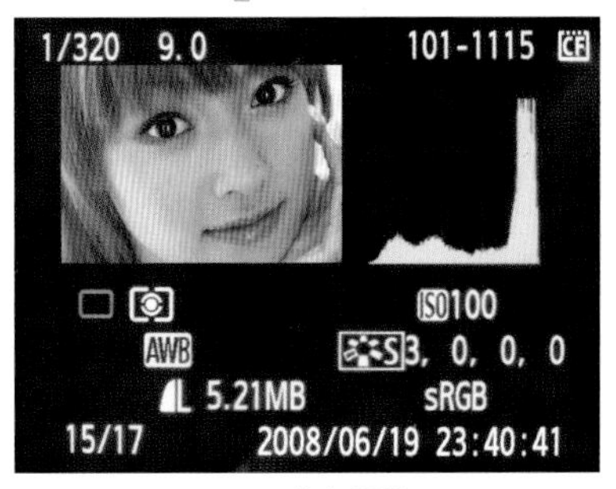

信息画面

24mm F11 1/100s ISO100 通过直方图可以观察图片是否过曝或欠曝

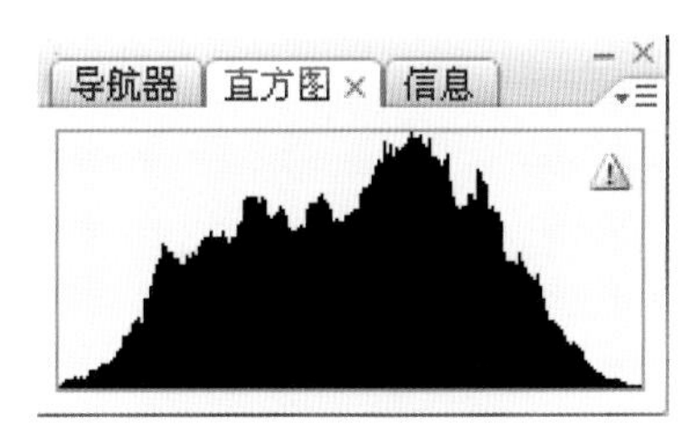

照片直方图

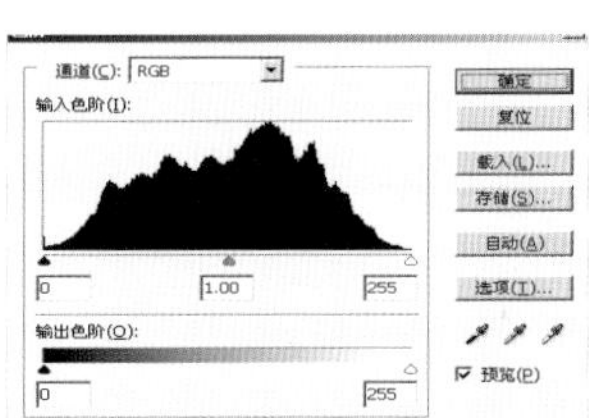

色阶直方图

2.8 什么是曝光

2.8.1 曝光概念

数码单反相机的快门速度高低和光圈大小相配合使感光元件进行感光的过程，称为曝光，对于曝光过程中快门光圈的调节以达到图片影像的适当要求的过程，称为曝光控制。通常需要使用测光表或利用相机内置的测光表对被摄景物的光线进行测量，得出合理的曝光值（EV），也就是光圈大小和快门速度高低的恰当组合。快门速度越高，进光量越少，光圈就要相应大些；快门速度越低，光圈进光量越多，光圈就要小些。拍摄的时候，要结合实际环境的情况，将光圈与快门两者调节平衡，来达到我们所要求的曝光量。

2.8.2 曝光补偿

以暗部或深色调为主景物的曝光

当画面中暗部或深色调物体占据很重要的位置时，如逆光照明下的室内外景物、逆光近景人像、场景中大面积的阴影等，宜采用曝光补偿。它可以准确地控制被摄场景中重要景物暗部的影调和层次。

具体做法是：采用分区测光（矩阵测光、分区评价测光）或中央重点测光，使用中央重点测光时使镜头尽量避开亮度较高部分，仅对准被摄体重要的阴影部位测光，但不按照测光表(或照相机)直接指出的读数曝光，而是比它指出的数值减少 1 ~ 2 级曝光量（减少曝光值补偿暗面）。

以亮部或浅色调为主景物的曝光

当画面中亮部或浅色调物体占据重要位置时，按照相机测光得出的数据会使画面整体偏暗，这时可利用曝光补偿来增加曝光量，以得到正确的色彩还原效果。

包围曝光

当面对光线复杂的景物时，无法确定什么样的测光模式和曝光组合能够得到一张合适的照片，这时就需要通过多次调整不同的光圈和快门组合来得到一张曝光正常的照片，我们的数码单反相机专门设有此项功能，这就是“包围曝光”，也有称“等级曝光”。此项设置就是相机连拍若干张照片，这些照片按照相机测定的曝光值为基准，依次曝光正常、曝光过度、曝光不足。在这项设置中，曝光过度和曝光不足的多少以±EV值来设定，通常加减的幅度是±0.3EV、±0.5EV、±0.7EV、±1EV。拍摄的张数也可由相机设定完成，相机按照加减曝光值的幅度和设定的拍摄张数连续拍摄完成。

100mm F2 1/5000s ISO100
人物脸部处于暗部，要对脸部进行曝光

35mm F16 1/200s ISO100 +1.5EV
对亮部位置曝光，还需要增加曝光补偿

2.8.3 自动曝光锁定运用

自动曝光锁定，顾名思义就是锁定某一个点的曝光值。如果在想要表现的画面中，主体并不在中心点，可以先对准需要表现的主体进行测光，并使用自动曝光锁定功能锁定对主体测光的数据，最后重新构图，并按下快门。

拍摄人像照片时，模特前后的景物会有一段清晰的范围，这个范围就是景深。特别是人像拍摄，景深的控制是成就一张照片比较关键的要素，浅景深的人物照片会让背景模糊，简化背景，突出人物主体。

影响景深有三个方面的因素：光圈、镜头焦距、拍摄距离，每一个因素都起到了决定性作用。在镜头焦距与拍摄距离不变的情况下，光圈越大，景深越小，人物的背景虚化效果越明显；光圈越小，景深越大，背景越清晰。光圈大小和拍摄距离不变时，镜头焦距越长，景深越小；镜头焦距越短，景深越大。光圈和镜头焦距不变时，拍摄距离越近，景深越小；拍摄距离越远，景深越大。

拍摄技巧

- 测光

  半按快门对人物对焦，使主体人物清晰，液晶屏幕上显示光圈、快门曝光组合。

- 锁定曝光值

  按下机身上的曝光锁定按钮“*”或者保持半按快门，取景器中的“*”标记亮起，表示曝光设置已被锁定。

- 重新构图并完成拍摄

  在保持取景器中的“*”标记亮起的状态下，重新构图，然后按下快门完成拍摄。

85mm F5.6 1/350s ISO100

2.9 测光原理

2.9.1 18%中灰

如今拍摄照片的光线测量工作已由测光表或相机内置的测光系统来完成。两者虽然在外在形体上有很大的区别，但是其原理和作用却是一样的。测光表和相机测光系统的测光依据是“以反射率为 18% 的亮度为基准”。

18% 灰板

光线照射到物体上，一部分光线被反射回来，被反射回来的光线亮度与入射光线亮度的比称为反射率。物体的反射率高则指物体对光线吸收少、亮度高，如白雪的反射率约为 98%，反射率低则指物体对光线的吸收少、亮度低，如炭的反射率约为 2%。

从黑到白的几何等级中，18%反射率的色值是中灰色，因此这一理论经常被称为“中级灰原理”或“18%灰原理”。测光表和相机测光系统就是基于 18% 灰色原理设计制造的。18% 灰是对我们平日所能见到的物体的反射率的平均所得到的数值，是一个景物反射率的平均统计值，同时也是一个行业标准。所有的测光表都把物体的亮度认定为 18% 的灰色，在测量景物时以此给出曝光值和光圈快门的组合。

2.9.2 利用测光表测光

入射式测光表

入射式测光表是通过测量照射在景物上光线强弱，并以此为依据决定曝光值的仪器。使用入射式测光表测光时一定要将测光表靠近被摄物体，另外将测光表的受光部位（白色球体）对准相机镜头的方向（测量拍摄者一面的光线）。另外，入射式测光表不受物体反光率的影响，因此无论是深色或浅色的物体按照测光表测出的数据曝光不需调整就可以得到正确的曝光结果。它的缺点是必须靠近被摄体才能测到准确的曝光值，通常在户外拍摄远方的景物时，靠近被摄体测光是很不现实的，这时入射式测光表就无法使用了。

入射式测光表

反射式测光表

反射式测光表

反射式测光表测量的是物体反射的光线的强弱，物体的反光程度不同，呈现出的亮度也不同，将测光表对准被摄物体，就可测出在测光表受光范围内的景物的平均亮度，并据此给出合适的曝光值和光圈快门的组合。

需要注意的是：反射式测光表是对准物体测量，如果测光表受光范围内的景物亮度差异过大，测光表受光角度轻微的偏移就会致使测光表给出的数据产生差异，这就需要我们依据 18% 中灰原理对被测量物体的测光数据进行选择，一般选择测量范围亮度接近 18% 灰的物体测量。同时，反射式测光表不能对准光源测光，因为光源不具有反射特性。

相机内置测光表

现在的数码单反相机都有复杂的测光系统，这一系统称为 TTL（Through The Lens）测光《通过镜头测光》，也就是内置测光表。这一系统与相机的其他系统集成在相机内，有效提高了相机的使用性能，在取景、对焦的同时就可完成测光工作。需要注意的是，相机的内置测光表属于反射式测光表，和其他反射式测光表一样，它的使用也具有一定的缺点。但是相机内置测光表比独立测光表功能更加丰富也更智能化。

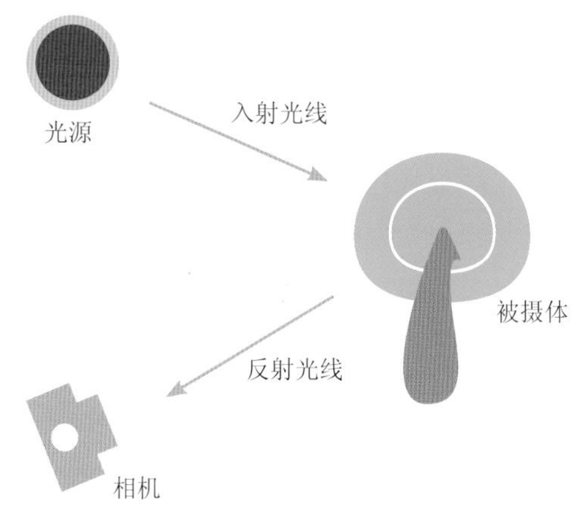

相机内置测光表工作原理

为了能够在各种复杂场景拍摄中获得准确的曝光，相机厂商开发了各种测光模式，使摄影者能够根据不同的光线环境选择不同的测光模式从而获得正确曝光的照片。相机的测光模式不同，厂家技术不同，对于其测光模式的命名也就不同。

100mm F5.6 1/250s ISO100
相机是利用反射测光的方式来进行测光

2.10 影响曝光的要素

2.10.1 光圈的大小

光圈是镜头中的机械组件，通过控制光圈的大小可以控制单位时间内进入光线的多少。在拍摄时，光圈越大，光圈数值越小；反之，光圈越小，光圈数值越大。通常表示光圈的符号为：F1、F1.4、F2、F2.8、F4、F5.6、F8、F11、F16等，从F1开始，光圈值逐渐递增，光圈口径越小，进光量也就越少，每一档光圈之间的进光量相差一倍。

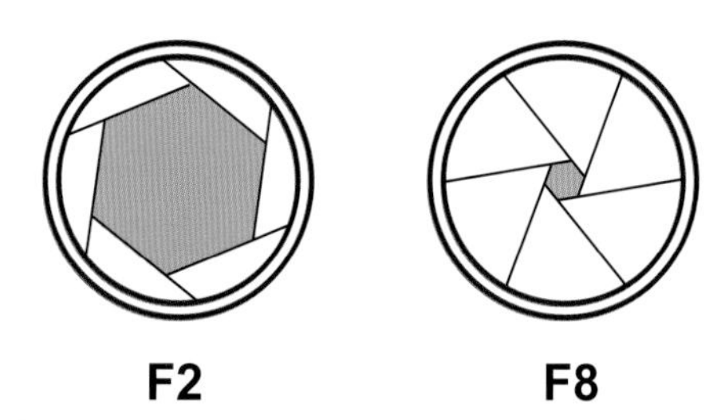

光圈的大小决定了进入光线的多少

2.10.2 快门速度

快门也是数码单反相机的一个机械组件。快门和光圈一组出现的时候就形成了我们常说的曝光组合，一起控制着数码单反相机的CCD/CMOS感光。在曝光时，快门开启的时间越长，感光元件接收的光线越多，曝光量也就越多。数码单反相机常用的快门速度范围大约在1/8000s-30s。

2.10.3 测光

数码单反相机的测光系统一般是测量被摄体反射的光亮度，属于反射式测光。相机内置测光表对景物测光时，不管是亮的景物还是暗的景物，都是按照景物反射率为18%来进行测光的，所以数码单反相机的这种测光方式对于过亮的景物和过暗的景物测光，得到的光圈和快门等参数都不会使感光元件正确曝光，物体的颜色不会得到准确的再现，这时候就需要在取得测量数值后进行调整补偿。

2.10.4 曝光三要素

影响曝光有三个重要的因素：光圈、快门、感光度。

光圈控制光线通过镜头口径，快门控制通过镜头口径的时间，而感光度控制感光元件对光线的敏感程度。

100mm F5.6 1/250s ISO100
拍摄有主体景物时，最好使用局部测光模式

90mm F2.8 1/90s ISO400

OLYMPUS
OM-SYSTEM
ZUIKO AUTO-ZOOM 50-250mm
E.ZUIKO

第3章 镜头的魅力

镜头的焦距、成像、视角等因素决定了数码单反相机拍摄景物的效果。每一个焦距段的镜头都有其独特的魅力所在，它们夸张景物、虚化背景、使景物有空间感、放大我们肉眼看到的不是非常清楚的微观景物等等。

3.1 镜头

3.1.1 镜头焦距的概念

当光线以平行光的方式穿过凸透镜后，光线会汇集成一点，这个点被称为焦点，此时凸透镜中心点到焦点的距离就是焦距。焦距的长短决定着照片成像大小、视场角大小、景深大小和画面的透视效果。根据焦距的长短，镜头在不同范围的焦距可分为鱼眼镜头、超广角镜头、广角镜头、标准镜头、长焦镜头、超长焦镜头等。

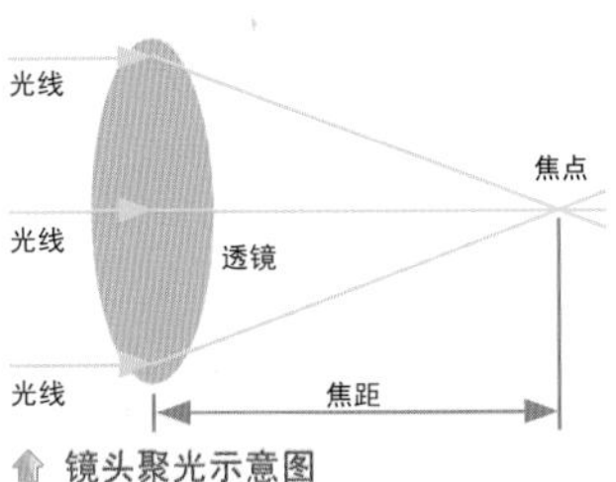

镜头聚光示意图

3.1.2 镜头的口径

镜头最前端镜筒的直径就是镜头的口径。镜头的规格不同，它的直径也有差别，最前端镜筒直径也有差别，设计师们在设计镜头时往往尽量统一镜头的口径，目的是为了滤镜等附件之间通用。常见的口径规格有：∮49、∮52、∮56、∮58、∮72、∮77 等。需要注意的是在购买多枚镜头时应考虑口径的统一性，多枚镜头口径统一，购买和使用滤镜等附件会方便很多。

口径为∮72 的∮50 定焦镜头

3.1.3 镜头的光圈

光圈（Aperture）是镜头中间通光的孔径，一般称为“通光孔径”或称“入射光瞳”，俗称“光圈”。光圈由极薄的数量不同的金属或合成材料叶片合围成孔状。它的主要功能是“控制曝光”和“控制图像效果”。控制曝光是通过控制孔的大小来调节通过镜头光量，控制图像效果则是由光圈本身特性所造成，光圈大小的不同会影响最终图像的清晰度和清晰范围。光圈叶片数量不同，所形成的孔的形状会有所差别。

3.1.4 镜头的对焦距离

对焦距离表

对焦清晰后物体与焦点之间的距离会在镜头上标示出来，这一部分就是对焦距离表，对焦距离表以公制米（m）和英制英尺（ft）表示，当某个数字位于镜头中心指示标尺处时，表示目前物体离焦点的距离。

对焦距离表

最近对焦距离

距离表上最小的数字就是镜头的最近对焦距离，最近对焦距离也是镜头性能的重要部分，对于大部分镜头来说，最近对焦距离越近，镜头的成像能力也就越强。当对焦距离小于最近对焦距离时，相机则无法聚焦。需要注意的是：镜头的最近对焦距离不是从镜头的前端算起的，而是从相机的焦平面（也就是感光元件成像的位置）算起，多数相机会在机身上标明焦平面的位置。

最近对焦距离

24mm F11 1/16 ISO800

100mm F4 1/125 ISO300

3.2 镜头的焦距、视角

3.2.1 镜头焦距与拍摄视角的关系

拍摄视角是指镜头可以容纳画面的范围角度，当镜头的焦距越短时，镜头拍摄视角越大，拍摄的景物范围越广；当镜头的焦距变长时，镜头拍摄视角也会随着变小，容纳的画面内容也相应变少。

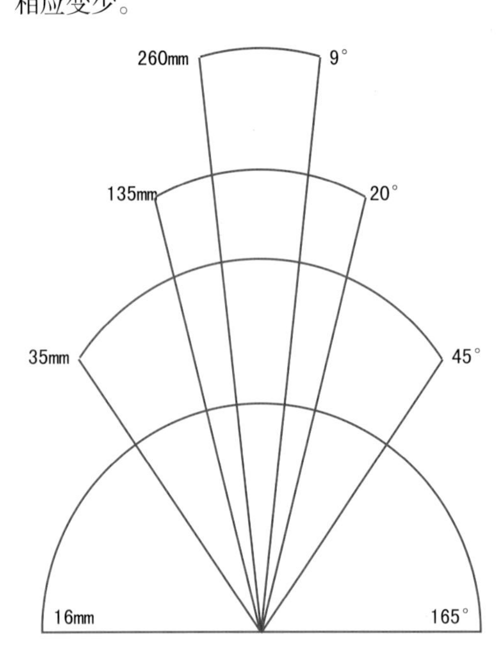

焦距与视角的关系，图中的数值为约值

135mm F5.6 1/250s ISO100
135mm 焦距镜头拍摄人像的拍摄视角

65mm F5.6 1/300s ISO100
65mm 焦距镜头拍摄人像的拍摄视角

3.2.2 APS-C等效焦距

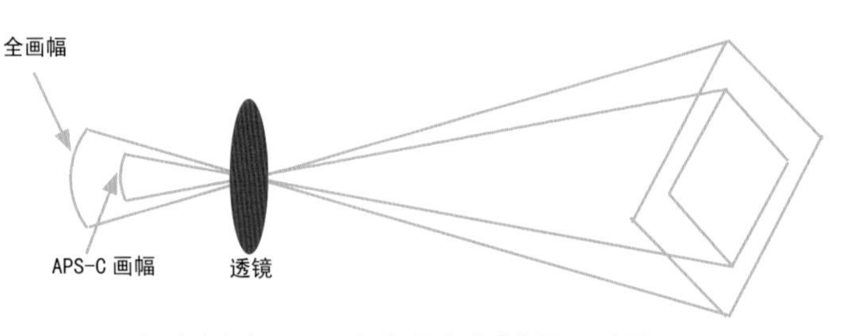

全画幅相机与 APS-C 画幅单反相机的成像原理示意图

如今经济型的数码单反相机虽然具有传统的 135mm 传统相机的结构和功能，但是感光元件的大小却发生了很大变化。现在流行的 APS-C 画幅的数码单反相机的感光元件比 35mm 胶片尺寸要小，这样就导致了镜头成像的范围有大有小，如果数码单反相机是全画幅相机，那么照片的成像范围就和 135mm 传统相机的成像范围一样。

如果 APS-C 画幅数码单反相机和全画幅数码单反相机使用同一款镜头拍摄同一人物时，APS-C 画幅数码单反相机拍摄的照片主体会大一些，其效果与全画幅数码单反配备长焦机的镜头得到的画面一样。当 APS-C 画幅数码单反相机使用某一款镜头拍摄时，得到的画面等于约 1.5 倍焦距时的效果。例如：我们使用一款 85mm 的镜头配备 APS-C 画幅数码单反相机拍摄人像照片，其取景的范围相当于 128mm 的镜头拍摄的范围一样，这样一款中等焦距的镜头就变成了一款长焦镜头了。

55mm 镜头在全画幅数码单反相机上的取景范围

55mm 镜头在 APS-C 画幅数码单反相机上的取景范围

3.2.3 利用APS-C焦距转换系数

常用镜头等效焦距参考表				
镜头焦距	传统 135 焦距	APS-C(1.5 倍)	APS-C(1.6 倍)	4/3 系统（2 倍）
17-40mm	17-40mm	26-60mm	27-64mm	34-80mm
24-70mm	24-70mm	36-105mm	38-112mm	48-140mm
28-135mm	28-135mm	42-202mm	45-216mm	56-270mm

现在的 APS-C 画幅数码单反相机的实际运用要比全画幅的数码单反相机多，原因是 APS-C 类的数码单反相机价格、画质等方面都相当容易被消费者接受，是一种经济类型的数码单反相机。对于 APS-C 类数码单反相机的用户，大家应该知道我们使用的数码单反相机的镜头的实际焦距有一个转换系数（尼康为 1.5，佳能 EOS 四位数、三位数和两位数编号的产品为 1.6），例如 50mmF1.4 的镜头安装在 APS-C 数码单反相机上，其实际焦距就变成了 75mmF1.4 的镜头，一款标准的人像镜头这时就变成了中长焦的镜头，对于拍摄人像照片来说确实是有很多好处的。但是对于一款广角镜头来说，例如 16-35mmF2.8 镜头，其实际焦距就变成了 24-52.5mm，广角镜头的效果就大打折扣了。

3.3 镜头焦距划分

3.3.1 广角镜头

广角镜头具有宽广的视角和强烈的透视变化，一般不太适合人像照片的拍摄，因为广角镜头的透视变化会使人物的形象发生畸变，而且拍摄的画面过于丰富，不容易突出主体。广角镜头不容易拍摄好人物，但是使用得当的话，这种镜头可以利用个性化的手法拍摄出风格独特、视角夸张的人物照片。

佳能 EF 16-35mm F2.8L Ⅱ USM

越来越多的人开始使用广角镜头拍摄人物照片，因为人物可以通过环境氛围对拍摄主题和风格进行表现。广角镜头可以拍摄人物全景，如果我们远离被摄者，畸变就会小一些，如果我们靠近被试者，透视效果会加大很多。所以我们要根据拍摄者的要求，来选择离被摄者近些还是远些。你还可以使用广角镜头低视角地拍摄人物照片，会使男孩更高大，女孩更高挑一些。如今婚纱摄影已经不单单只拍摄室内照片，还会拍摄外景照片，通过环境来表现拍摄的主题人物时会用到广角镜头。

24mm F11 1/500s ISO100

广角镜头拍摄风景照片取景范围很广，能产生广阔的气势

24mm F5.6 1/200s ISO100

广角镜头拍摄人物照片会发生一定的畸变

35mm F11 1/125 ISO200

3.3.2 标准镜头

标准镜头是指焦距长度和所拍摄画幅的对角线长度大致相等的摄影镜头，其视角一般为45°～50°。随着画幅的尺寸增加，标准镜头的焦距也会发生变化，135胶片相机（全画幅相机）为40～60mm焦距的镜头，6×6cm画幅相机为75～80mm焦距的镜头，4×5英寸为120～150mm焦距的镜头。

50mm焦距的镜头就是我们常用的全画幅数码单反相机的标准镜头，视线比较接近人眼所观察到的景物范围，拍摄的效果也让大众容易接受，因此使用标准镜头拍摄人像照片可以得到自然真实的效果。一般50mm的标准镜头具有优异的画质。

尼康50mm F1.4

45mm F8 1/350s ISO100
标准镜头的视角符合人眼观看的角度

3.3.3 中焦定焦镜头

大光圈的中焦定焦镜头拍摄人物照片可以使背景虚化的非常完美，景深不一定非常浅，但是虚化的背景隐隐约约，可以很好地突出人物。中焦定焦镜头无法调整焦距，因此要通过摄影师离拍摄人物的距离来进行取景，而不能通过改变焦距来完成不同景别的构图。这种特性让摄影师提高了主观能动性，使摄影师在拍摄时更容易改变拍摄角度，使人像照片富于创造性。

佳能EF 85mm F1.8 USM

3.3.4 标准变焦镜头

标准变焦镜头是使用最为普遍的镜头，如果使用一款恒定大光圈的标准变焦镜头拍摄人像，基本上可以获得很不错的效果。标准变焦镜头的焦距范围一般在 24 ~ 100mm 范围内，摄影师只需要在一个拍摄点就可以完成多个不同景别的人物照片拍摄。如果背景虚化的程度不够时，还可以离被摄人物更近一些拍摄。

佳能 EF28-135mm f3.5-5.6 IS USM

镜头结构（组 / 片）	12/16
光圈叶片数	6
最近对焦距离	0.50m
最大放大倍率	0.19
直径 × 长度	78.4×96.8mm
重量	540g
滤光镜直径	72mm

85mm F2 1/350s ISO100
利用变焦镜头可以很方便地对人物进行取景

3.3.5 长焦镜头

使用长焦镜头拍摄人物，不易发生变形；使用广角镜头拍摄人物则会发生畸变。为了能使人物肖像背景更为简单，可以利用长焦镜头加大光圈虚化背景，这种效果会使整个画面更简洁，突出人物主体。

并不全是虚化背景才可以使画面简洁，每一种镜头，不同的光圈都有它选择的方式，要根据具体的要求来选择。长焦镜头加大光圈只是拍摄人物照片的一种手段。

佳能 EF 70-200mm f/4L

镜头结构（组 / 片）	13/16
光圈叶片数	8
最近对焦距离	1.2m
最大放大倍率	0.21
直径 × 长度	76×172mm
重量	705g
滤光镜直径	67mm

200mm F3.5 1/250s ISO100
长焦镜头可以很好地虚化背景

3.3.6 微距镜头

微距镜头锐度高、成像品质好、手动调节对焦精确，对于很多人有很大的吸引力，通常说到的一款100mm左右的定焦微距镜头有F2.8的最大光圈（佳能EF 100mmF2.8 Macro USM），同样可以拍摄出完美的人像照片。在购买镜头的时候可以选择一款中焦定焦镜头的微距镜头，既可以进行微距拍摄也可以完成中等焦距的拍摄，节省了一支镜头的价钱。

佳能 EF 100mmF2.8 Macro USM 镜头

100mm F8 1/100s ISO200
使用微距镜头表现水滴的形态，注意要使用三脚架拍摄，避免抖动

3.3.7 鱼眼镜头

鱼眼镜头是很少会用到的镜头。用鱼眼、移轴这类特殊的镜头拍摄人像照片，可以得到夸张、奇怪的效果。若控制好人物的畸变，这样的镜头往往打破常规的拍摄模式，得到与众不同的效果。

16mm F8 1/200s ISO100
鱼眼镜头产生强烈的透视变化

100mm F4 1/125 ISO400

3.4 常用的几款镜头

3.4.1 尼康

70mm F2.8 1/350s ISO100

NIKON AF-S 28-70mm f/2.8D IF-ED

尼康中焦变焦镜头

顶级水准的锐度和反差表现

经过特别设计的光学结构表现出众，内部使用了膜压工艺制造的非球面镜片，而非复合非球面镜片。模压玻璃非球面镜镜头设计可以最大程度地降低畸变，提高分辨率，使对比更加鲜明。此外还使用了ED镜片，极大地改善了色差现象。圆形光圈使焦外成像更加自然。对焦系统采用超声波电动机保证对焦工作可以超级快速、安静地进行。内部对焦使结构更加轻巧，自动对焦操作更加平滑。各种功能操作的设计上，不仅节省电力，而且防潮防尘。

镜头结构（组/片）	11/15
光圈叶片数	9
最近对焦距离	0.7m
最大放大倍率	0.11
直径×长度	88.5×121.5mm
重量	935g
滤光镜直径	77mm

50mm F1.4 1/450s ISO100

NIKON AF-S 50mm f/1.4 G

超大光圈标准定焦镜头

超大光圈自如应对弱光环境

F1.4 的超大光圈是该镜头的最大特点，即使是灯光昏暗的室内也可以手持拍摄，使用诸如 D3 与 D700 等尼康 FX 格式相机，拍摄夜景和天体效果良好。而使用 DX 格式的数码单反相机，能够拍摄出带有漂亮虚化效果的人像照片。内部结构采用全新研发的光学系统有效地校正眩光和色彩失真；宁静的超声波电动机保证了自动对焦快速、准确。支持手动优先自动对焦和手动对焦双对焦模式，对焦过程中所有镜头组移动，但镜筒长度不变。

镜头结构（组／片）	7/8
光圈叶片数	9
最近对焦距离	0.45m
最大放大倍率	0.15
直径 × 长度	73×54mm
重量	280g
滤光镜直径	58mm

NIKON AF 85mm f/1.8D

中长焦人像镜头

镜头结构（组/片）	6/6
光圈叶片数	9
最近对焦距离	0.85m
最大放大倍率	1/9.2
直径×长度	71×58mm
重量	380g
滤光镜直径	62mm

85mm F1.8 1/450s ISO100
85mm 镜头配合大光圈拍摄人像，能完美虚化背景

价格便宜，光学素质完美

该镜头具有较高的性价比，是人像摄影的必备镜头。光学结构上，镜片与镀膜质量非常优异，焦内成像锐利，焦外成像柔和、自然，且几乎没有任何变形，是其与同类镜头相比的一大优势。对焦采用 RF 对焦方式，从无限远到最近拍摄距离，均能有效地抑制各种像差，获得高品质的影像。而且对焦时镜筒前端不转动，在使用偏振镜时非常方便。虽然是机械电动机驱动，但对焦速度还是不错的。缺点是 F1.8 光圈下焦内成像稍微偏软。

NIKON AF 85mm f/1.4D(IF)

经典人像镜头

镜头结构（组／片）	8/9
光圈叶片数	9
最近对焦距离	0.85m
最大放大倍率	0.11
直径 × 长度	80×72.5mm
重量	550g
滤光镜直径	77mm

85mm F1.4 1/250s ISO100
85mm 的镜头拍摄半身人像能够得到非常漂亮的效果

超级大光圈

超大光圈是该镜头的主要特点，不仅是针对人像摄影，对于舞台摄影或照度很低的室内摄影、甚至夜景拍摄等，F1.4 的光圈都应对自如，尤其适合拍摄室内人像。而且采用的圆形光圈，可以取得美妙的背景虚化效果。内对焦方式使该镜头对焦迅速，从无限远到最近拍摄距离均能获得高质量的影像。光学性能优异，焦内锐度惊人，焦外非常柔美；解像力和色彩还原能力超强。

NIKON AF-S DX 17-55mm F/2.8G IF-ED

广角端的变焦镜头

24mm F11 1/45s ISO100
利用广角镜头、小光圈拍摄，整个画面都是非常清晰的

镜头结构（组／片）	10/14
光圈叶片数	9
最近对焦距离	0.36m
最大放大倍率	1/5
直径 × 长度	85.5×110.5mm
重量	755g
滤光镜直径	77mm

广角拍摄的范围更广

这是一款 APS-C 规格镜头，等效焦距为 25.5 ~ 82.5mm，有 F2.8 的恒定大光圈是这款镜头的最大优势，利用大光圈配合镜头的焦距范围在拍摄人像的时候，使背景虚化非常漂亮。这也是一款非常专业的镜头，采用了 3 片 ED 镜头以及 3 片非球面镜，IF 内对焦方式可以实现 36mm 的最近对焦距离。其光学品质成像是非常不错的，光圈开到最大时，拍摄照片的品质远远比副厂的镜头要好很多。这款镜头的体积比较大，价格也贵一些。主要问题是兼容全画幅数码单反相机有一定的缺陷，在尼康的全画幅数码单反相机 D3 发布后显得高不成低不就。

NIKON AF-S VR 70-200mm F2.8G

长焦镜头

200mm F2.8 1/500s ISO100
长焦镜头拍摄人像照片能够非常好地虚化背景

镜头结构（组 / 片）	15/21
光圈叶片数	9
最近对焦距离	1.5m
最大放大倍率	1/6.1
直径 × 长度	87×215mm
重量	1470g
滤光镜直径	77mm

完美焦外成像

这款镜头在设计时，为了强化功能，搭载了 SWM 超声波对焦电动机以及 VR 减震系统，而且镜头本身采用了镁合金外壳。如果使用这款镜头拍摄人像照片，镜头的防震系统会有非常大的用处，可以在暗光下较好地拍摄照片。成像品质方面，这款镜头比上一代的产品有很大的进步，各个焦距可以很好地表现人物。镜头在全开的情况下成像锐利，而且抗眩晕比副厂镜头要好很多。镜头使用 9 片圆形光圈叶片，拍摄人物时焦外成像效果非常迷人。

135mm F4 1/225 ISO800

135mm F2.8 1/400 ISO400

3.4.2 佳能

CANON EF 16-35mm f2.8L Ⅱ USM

新一代广角变焦之王

24mm F11 1/350s ISO100
使用广角镜头拍摄风景照片，大范围的视角能表现出山脉的雄伟气势

拥有最大108°拍摄视角

该镜头使用了2片UD超低色散镜片以及3片非球面镜，优化的镜片镀膜能有效抑制鬼影和眩光。圆形光圈带来出色的焦外成像，环形超声波电动机、高速处理器和优化的自动对焦算法使对焦安静、快速、准确，实现全时手动对焦功能。其F2.8恒定大光圈，能适应更暗的环境，而得到广角镜头虚化背景的效果。最近距离达0.28m，圆形光圈让背景虚化得比较自然。

镜头结构（组/片）	12/16
光圈叶片数	9
最近对焦距离	0.28m
最大放大倍率	0.22
直径×长度	88.5×111.6mm
重量	635g
滤光镜直径	82mm

CANON EF 24-70mm f2.8L USM

新一代专业标准变焦镜头

35mm F5.6 1/500s ISO100
这款镜头是使用佳能相机拍摄风景照片最常用的镜头，焦距也非常适合风景拍摄

拥有24mm的超广角

镜头结构（组/片）	13/16
光圈叶片数	7
最近对焦距离	0.38m
最大放大倍率	0.29
直径 × 长度	83.2×123.5mm
重量	950g
滤光镜直径	77mm

该镜头的突出特点是拥有 24mm 超广角，因此成为“一代镜王”佳能 EF 28~70mm F2.8 L USM 的替代品。它能满足专业摄影师对大光圈和成像品质的追求，握在手中给人一种严谨、踏实的感觉。该镜头采用 2 片非球面镜片以及低色散玻璃和优化的镜头镀膜，在全焦范围内都可以达到极高的成像品质。还有一个相当优越的特性就是 84° ~ 34°的水平视角范围，可以满足拍摄建筑和风光的宽视角、大景深、通前景要求。

CANON EF 50mm f/1.2L

和人眼视角相当的标准镜头

24mm F8 1/350s ISO100
用标准镜头离人物近一些拍摄，背景虚化的效果能与长焦媲美

超大光圈镜头

佳能的这款F1.2超大光圈专业标准镜头，光学系统采用大口径高精度非球面镜片，具有高解像力、高反差的成像素质。优化的镜片镀膜和镜片位置有效抑制鬼影和眩光，圆形光圈带来美妙的焦外成像，出色的防尘和防水滴性能满足恶劣环境的专业需求。其光圈的系数足够大，可以在很暗的光线条件下进行拍摄。

镜头结构（组／片）	6/8
光圈叶片数	8
最近对焦距离	0.45m
最大放大倍率	0.15
直径 × 长度	85.8×65.5mm
重量	590g
滤光镜直径	72mm

CANON EF 135mm f2L USM

展现人像摄影的美丽

135mm F2 1/450s ISO100

135mm 焦距的定焦镜头是喜欢拍摄户外人像摄影师们最常用的镜头，其焦外的成像效果独具一格

焦外成像极佳的镜头

CANON EF 135mm f2L USM 是人像拍摄领域中相当知名的镜头，色彩艳丽，散景漂亮。光圈全开时，焦内的成像仍较好，细节也表现得相当清楚，对焦相当快，而且可以全手动。最大光圈达到 F2，非常实用，取景器影像十分明亮清晰，虽然 F2 时锐度有一定程度的下降，但画面质量仍超过可接受水平。用它来拍摄室外人像是非常不错的选择，这款镜头的焦外成像是相当出色的。

镜头结构（组 / 片）	8/10
光圈叶片数	8
最近对焦距离	0.9m
最大放大倍率	0.19
直径 × 长度	82.5×112mm
重量	750g
滤光镜直径	72mm

100mm F2.8 1/500 ISO200

100mm F2.8 1/200 ISO200

第4章 构图缔造形式美感

每当拿起相机拍摄一张照片的时候就完成了一次构图。好的构图能使画面简洁、形式感更强、突出主体。本章就对日常拍摄中的构图方式进行分析，让大家全面地了解构图的重要性。

4.1 认识构图

摄影构图是门艺术，最好的照片应该是技术与艺术之间的完美结合。艺术之所以成为艺术，与它所使用的工具及技术之间只有一部分关系。对于摄影来说也是同样的道理。相机作为一种工具，可以帮助艺术家创作出某一特定艺术品。

从题材中发现线条、色调、形状和质感，把它们纳入取景器，以拍摄者完全满意的方式加以处理，并将其拍摄成照片，使观众对这些视觉美点也能一目了然，这就是摄影构图。它是一个思维过程，从自然存在的混乱的事物之中找出秩序；把大量散乱的构图要素组成一个可以理解的整体。

数码单反相机的取景器

55mm F8 1/250s ISO100

船只在画面中的位置直接影响了画面的构图，所以要利用构图形式去“摆放”船只的位置

4.2 构图形式

4.2.1 点

在摄影构图中，点可以是一个小光点，也可以是任何一个被摄对象。海滩上的鹅卵石都可成为画面中的一个点。点会由于在一个均为空白的图像上成为唯一的细节中心，从而将观众的注意力都吸引到它身上。存在单个点的图像传达的信息一般是孤立的，图像中很少通过在一个均匀的背景上利用单个点来构图。单纯地用单个点来构图会使图像得到一些极具戏剧性的效果。

85mm F5.6 1/100s ISO100
画面中的主体物占据不大的比例，以点的形式在画面中凸显出来

4.2.2 线

在摄影构图中，线可以是真实的，也可以是虚拟的。如果将第二个点引入图像中，在这个点和现有点之间就立即建立起一种关系。现在它们不再是孤立的点了，它们被一条虚拟线连接起来，这条虚拟线叫做视线。在摄影构图中，虚拟线和实际线同等重要。

一切物体都是由线条构成的，如房屋由纵横的线条构成；山峰、河流由曲线线条构成；树木由垂线条构成；圆球由弧形线条构成。物体运动时，线条就发生变化，如人站立时是垂线条，而跑步时就变为斜线条。掌握线条的变化，对照片的画面构图有重要作用。

45mm F8 1/400s ISO100
纯色的背景上三个点位置构成了一幅完美的画面

24mm F11 1/500s ISO200
山脉在画面中形成一条条线条，虚虚实实地表现出远近的空间感

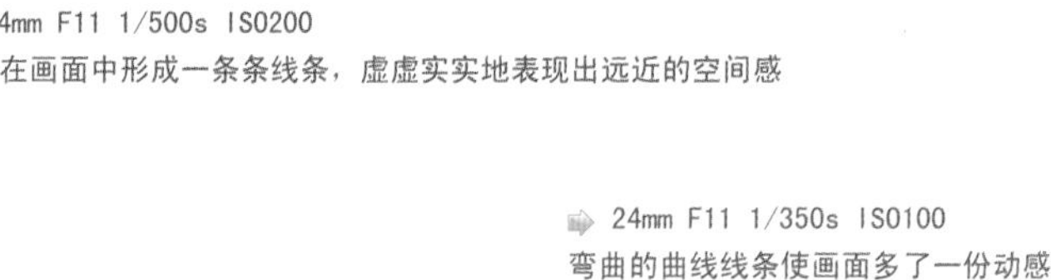

24mm F11 1/350s ISO100
弯曲的曲线线条使画面多了一份动感

4.2.3 形状

在摄影构图中，形状通常用线来界定，也可以由单一的色块或渐变色等来组成。一团光、一片纹理或一个色块都可以表现为形状。和线条一样，图像中也可以存在实际形状和虚拟形状。可以通过在形状的角落处增加新的点来创造新的形状，从而在画面中围起一个新区域。

85mm F2 1/250s ISO100

向日葵充满整个画面，再加上背景虚化，主体物完美地凸显出来

4.2.4 形体

由线、色彩、图案和纹理的变化界定的形状在一幅画面中仍然是一个二维的对象。它覆盖一个区域并且具有“面积”。在形状的区域内加入阴影，可以将形状变成形体。形体在平面图像的二维世界中表现出了三维空间的立体感。

50mm F8 1/200s ISO100
光影的变化更好地表现出物体的立体感

4.2.5 色彩

如果没有光线就没有色彩。纯正的白光是红、绿、蓝等量相加的结果，这种混色方法称做相加混色，其中的红、绿、蓝称为三原色。三原色是可以用来产生其他所有色彩的颜色。从白光中依次减去红、绿、蓝，则依次产生青色、紫色和黄色，这三种颜色称为减法三原色。人的视觉、计算机监视器和数码单反相机感应器都使用红、绿、蓝来合成白色。人的眼睛具有适合所有这些颜色的感应器。

55mm F3.5 1/250s ISO100
背景的绿色与花的红色形成强烈对比

28mm F11 1/100s ISO100

4.3 画面的剪裁

4.3.1 人像照片

在拍摄人像的过程中要对人物眼睛对焦，还要考虑到构图的效果，想要很轻松地做到并不是很容易。为了使照片拍摄得更加清晰，准确对焦是非常重要的，但往往就会忽视构图的完美，所以在处理照片时对人物照片进行二次构图是非常必要的。

65mm F3.5 1/350s ISO100
二次取景使画面的构图更加饱满，画面更加生动

4.3.2 风景照片

完美的风景照片包括许多方面，如有创意的构图、和谐统一的元素组合、明确的拍摄主题、简洁的背景等。对画面的裁剪贯穿拍摄的整个过程，构图就是对画面裁剪的第一步，通过取景器框取想要拍摄的大致范围，选择合适的角度使画面具有稳定感。需要注意的是，这个过程中要摒弃那些与主题无关的东西，比如垃圾桶、电线杆等。构图完成后，可以使用软件对画面进一步裁剪。

35mm F8 1/250s ISO100
照片中的电线的出现破坏了画面的效果

35mm F8 1/250s ISO100
利用裁剪的方式把有电线的画面裁切掉

中心式横构图

对照片进行适当的裁切，会产生不同的构图效果，比如我们将一幅人物在画面中占很小比例的照片裁剪成人物的特写照片。这样，一幅人像风景照片就变成了人像特写照片。合理地使用裁剪可增加照片的情趣，下面我们就用一幅人物照片和一幅风景照片来进行不同区域的裁切，看看会产生什么样的构图效果。

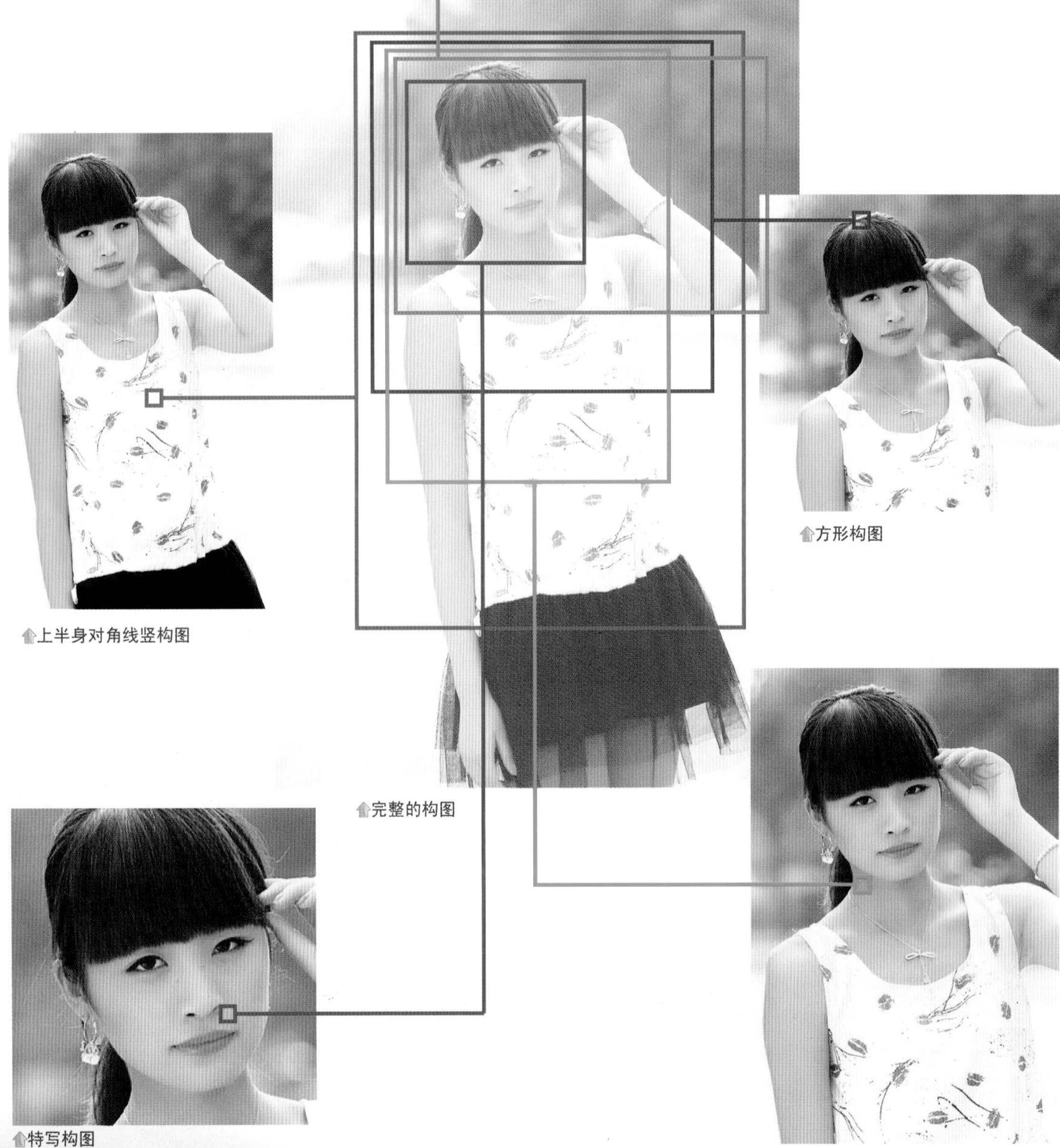

上半身对角线竖构图

方形构图

完整的构图

特写构图

黄金分割竖构图

包含所有风景的横构图

完整的天空横构图

天空的特写构图

完整的构图

完整的竖构图

有太阳的竖构图

有太阳的方形构图

4.4 视角变换

4.4.1 低角度摄影

把相机向上仰起进行拍摄的方式，叫做低角度摄影。低角度摄影能将向上伸展的景物在画面上向上展开，有利于强调拍摄对象的高度。在拍摄跳跃动作时可得到跳跃高度夸张的强烈视觉效果，常用来表现建筑物高大雄伟的气势等。

采用低角度摄影拍摄人物，是表现人物的一种手段，常用于表现高昂向上的精神风貌和极具威严感的画面。

一般在拍摄人物的时候，都会不假思索地把相机放在与眼睛持平的高度。尤其是男性在拍摄女性的时候，基本上都是男性比较高，所以拍照时容易形成从上往下的角度。这样由于透视的原因造成照片上的人物头大而身体小的效果（看起来比真人要矮），这样的照片是很难让人满意的。

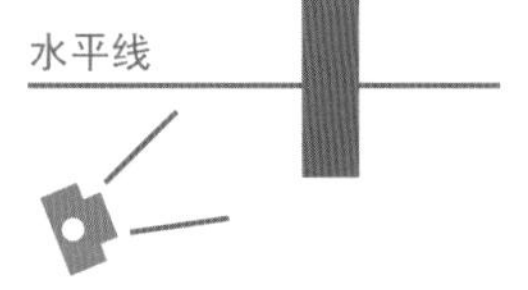

28mm F8 1/450s ISO100
以天空为背景，从低视角拍摄人物，画面比较简洁

4.4.2 平视摄影

平视拍摄人物比较符合观察人物的视角

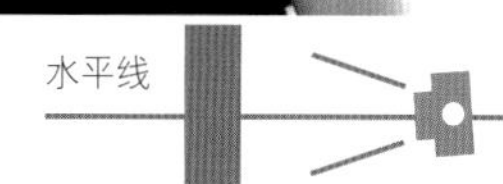

平视摄影拍摄时，相机处于眼平位，沿水平方向拍摄。这是在实际应用中使用最多的方法。最适合人物场面和建筑物的拍摄。这样拍摄的结果，使画面中的人物非常自然和亲切，也会使画面中的事物无倾斜感，给人以稳重的感觉。但在风光摄影中，用平视角度拍摄，在表现比较广阔的画面时，容易产生地平线分割画面的情况，显得画面平淡，缺乏生机，应该避免。

大多数画面应该在相机保持水平方向时拍摄，这样比较符合人们的视觉习惯，画面效果显得比较平和、稳定。

如果被拍摄主体的高度和拍摄者的身高相当，那么拍摄者应当身体站直，这是最正确的做法，也是持握相机最舒适的位置。

如果拍摄高于或低于拍摄者身高的人或物，那么，拍摄者就应该根据人或物的高度随时调整相机高度和身体姿势。如拍摄坐在沙发上的主角或在地板上玩耍的小孩时，就应该采用跪姿甚至趴在地上拍摄，使相机与被摄者始终处于同一水平线上。

4.4.3 俯视摄影

俯视摄影是指相机所处的位置高于被摄体，镜头偏向下方拍摄。超高角度通常配合超远画面，用来显示某个场景。可以用于拍摄大场面，如街景、球赛等。以全景和中焦镜头拍摄，容易表现画面的层次感、纵深感，有利于表现地平景物的层次和位置。画面饱满充实，这也是许多风光摄影常用的表现方法之一。

同仰拍的效果相反，从高角度拍摄人物特写，会削弱人物的气势，使观众对画面中的人物产生居高临下的优越感。画面中的人物看起来会显得矮一点，也会看起来比实际更胖。

如果从较高的地方向下俯摄，可以完整地展现从近景到远景的所有画面，给人以辽阔宽广的感觉。采用大俯视角度拍摄就可以增加画面的立体感，有时可以使画面中的主体具有戏剧化的效果。

如果从比被摄人物的视线略高一点的上方拍摄近距离特写，有时会带点藐视的味道，这一点要注意。如果从上方角度拍摄，并在人物的四周留下很多空间，被摄者就会显得比较孤单。

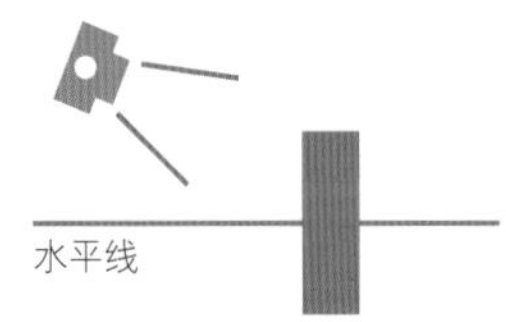

35mm F5.6 1/350s ISO100
采用俯视的角度拍摄美女，可以让脸部显得小巧

4.5 风景构图

4.5.1 竖拍照片的取景

在照片中，物体是有主次之分的，画面中应有适当的安排，一般是把主体安排在画面上重要而明显的地方，陪体只位于画面中的一部分。主体和陪体彼此之间要有呼应，不然就会形成一个主、次分散的画面了。

有特色建筑物的照片中，应当以建筑物作为主体。有些景物的主体不只是一个而是很多个，甚至可以占满整个画面。拍摄这类景物时，首先要考虑画面的取景，然后决定数量。这就要根据所拍摄的景物情况来决定了。如果是河流近而山远的山川风景，就应以河流作为主体，反之，则应以山作为主体。拍摄以河流为主体的照片时，必须把河流安排在画面中最明显的位置，把远山安排在河流的远处或两旁，作为陪衬河流的陪体。河流景物的水平线一般都是很明显的，最容易把画面划分为二，影响宾主物体的联系。因此，拍摄时要进行恰当的取景。如果拍摄的河流是弯曲的，为了显示出河流的深远，就应站在较高的位置以俯视角度拍摄。这样不但能显示景物的深远，还能增加景物线条的美感。

水平构图

35mm F11 1/400s ISO100
竖拍的照片天空部分比例大，表现大海的辽阔

4.5.2 横拍照片的取景

24mm F16 1/2s ISO100

使用三脚架 + 慢速快门拍摄流动的小溪，体现出水流动的效果

拍摄山川风景时应该以山为主体，再取一些适当的景物作为山景的陪衬，这样才不会在画面上形成孤山的感觉。表现出高耸雄伟或山峦峻秀的气势，也要选取适合衬托高山的物体，使山景在画面上显现得更美而不至于枯燥无味。

森林与原野同是属于自然风景的景物，也是没有固定景物目标的风景。森林的景象是随着不同的季节而变化的，原野也会因不同的情况有所不同。拍摄森林需要身处林中，选取有远有近、有高有低、有疏有密的树木场面，以平视的镜头角度拍摄，才能在画面中显示出广阔、深远的森林面貌。原野是一片平地，需要站立在适当的高位采用俯视的角度拍摄，这样才能把原野上的生态景象完整地表现出来。

100mm F3.5 1/250s ISO100
主体物清晰地凸现出来，形成虚实对比

135mm F4.5 1/400s ISO100
在逆光的位置拍摄，绿色的嫩芽格外透亮

4.5.3 对称式构图

对称式构图经常出现在摄影创作的各种题材中。对称性景物十分常见，如花卉、动物、建筑物等，经常是摄影师创作的题材。对称式构图又称为均衡式构图，通常以一个点或一条线为中心，其两个面在排列的形状、大小趋于一致且对称。被摄对象结构中规中矩，四平八稳，具有图案美观、趣味性强等特点。

使用对称式构图来突出主角，首先将拍摄对象分出主次关系，使其形成对比，在突出主角的同时，又能给照片带来戏剧性；既可以让同一个拍摄对象相互对比，又可以通过让完全不同种类的拍摄对象形成主次关系来进行构图。

35mm F8 1/200s ISO100
平静的水面像一面镜子，倒映着岸上的景物

4.5.4 水平线构图

水平线构图具有平静、安宁、舒适、稳定等特点。使用水平线构图的画面，一般主导线形是水平方向的，主要用于表现宏大、宽阔的大场面。如微波荡漾的湖面、一望无际的原野、辽阔无垠的草原、大海等。人物合影等照片的拍摄也经常会用到水平线构图。在水平线构图过程中，应该尽量使用横拍。竖拍会使水平线构图的稳定感丧失，而水平线倾斜会导致照片失去稳定感，拍摄时一定要将水平线保持水平。拍摄时，应该尽可能使用广角镜头，以获得更好的稳定感和宽广的视野。

24mm F11 1/125s ISO100
利用水平线构图时，地平线一定要保持水平状态

4.5.5 垂直线构图

75mm F3.5 1/100s ISO200

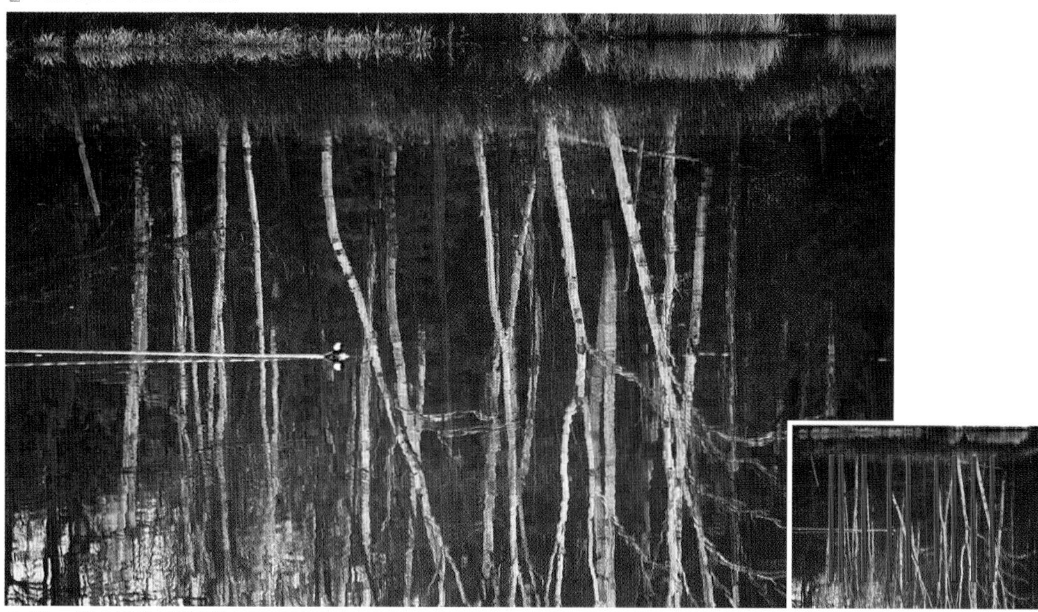

50mm F8 1/200s ISO100

垂直线构图是同时将一排主要形象展示给观众，平行的垂直线可以利用形象空间位置的不同、高矮的不同等，形成画面表现的变化。垂直线构图是加强画面形式感染力的重要手段，给人以稳定、庄重、严肃的感觉。

采用垂直线构图拍摄照片时，主要采用竖拍，用在建筑、瀑布、河流等的拍摄中，着重拍摄对象的线条与造型美。采用垂直线构图拍摄人像，可以用来很好地表达拍摄对象的紧张、意志力和危险等感觉。

在参天大树、高耸的柱子等垂直形象中，可以用垂直线形成严肃、庄严、寂静的感觉，并能增强威严感和崇高感。

4.5.6 曲线构图

曲线有垂直曲线、水平曲线、无规律曲线之分。垂直曲线如火焰，展示一种活力；水平曲线如水波、起伏的山峦等，具有优美和缓慢的运动感，能给人以女性的柔和与优美。曲线构图使用不当，会使画面显得不稳定、软弱无力。

照片中的景物呈 S 形曲线的构图形式，具有延长、变化的特点，给人以韵律感，有优美、雅致、协调的感觉。当需要采用曲线构图表现被摄体时，应首先想到使用 S 形构图。

24mm F11 1/350s ISO100
画面中的曲线线条逐渐向远处延伸，空间感强烈

4.5.7 斜线与对角线构图

斜线构图可分为立式斜线构图和平式斜线构图两种，常用来表现运动、动荡、失衡、紧张、危险等场面。也有的照片利用斜线指出特定的物体，起到一个固定导向的作用。

斜线构图能够营造富有活力和节奏的动感，其代表范例为山峦和丘陵地区层叠的棱线。想要让照片产生充满活力的动感时，使用倾斜的线条是能达到不错效果的，拍摄山峦时想要表现出远近感的话也可以使用。

45mm F8 1/450s ISO200
主体物以对角线构图使画面有节奏感

4.5.8 中心点构图

中心点构图具有集中力，能够提高被摄对象的存在感。根据运用方法的不同，可以拍出具有安定感和集中力的照片，给人以强烈的印象。拍摄时，将被摄对象置于画面的中心，就能拍出具有视觉冲击力的照片。

为了使中心点构图不产生呆板的感觉，在拍摄中不宜将主体比例表现得过大，而使其充满画面。这是最常见、最基本的摄影构图，常用于拍摄动物、昆虫、花朵的照片。

135mm F2 1/500s ISO100
主体物放置在中心点的位置，吸引观者的视线

4.5.9 三角形构图

三角形构图，以三个视觉中心为景物的主要位置，有时是以三点成面几何构成来安排景物，形成一个稳定的三角形。这种三角形可以是正三角形也可以是斜三角形，其中斜三角形较为常用，也较为灵活。而正三角形在力学上是最稳定的，在心理上给人以安定、坚实、不可动摇的稳定感。

在三角形构图中，不等边三角形中最小的锐角具有一种方向性和运动感。等边三角形容易产生呆板、无变化的感觉；不等边三角形显得自然、灵活；而不同形状的三角形结合，则能达到主次分明、疏密相间、富于变化的效果。还能够合理地分割空间，活跃画面构图。

85mm F8 1/800s ISO100
三角形的构图给人以稳重、踏实的感觉，特别适合建筑摄影

4.5.10 三分法构图

三分法构图将画面左右或上下分为比例 2 ∶ 1的两部分，形成左右呼应或上下呼应，表现的空间比较宽阔，其中画面的一部分是主体，另一部分是陪体。

三分法构图常用于表现人物、运动、风景、建筑等题材。这种构图将被摄主体放置在等分的三分线上，就能够轻松得到平衡和谐的照片，是摄影者常用的一种构图方法。这种构图适合多形态平行焦点的主体，也可表现大空间与小对象，也可反向选择。这种画面构图，表现鲜明，构图简练，可用于近景等不同景别。

55mm F8 1/250s ISO100　画面中分界线的位置在 1/3 处，不至于使画面太呆板

4.5.11 S形构图

S 形实际上是条曲线，只是这种曲线条是有规律的定型曲线。S 形具有曲线的优点，优美且富有活力和韵味。所以 S 形构图，也具有优美和富有活力的特点，给人一种美的享受，而且画面显得生动、活泼。同时，观者的视线随着 S 形向纵深移动，能有力地表现其场景的空间感和深度感。画面中的景物呈 S 形曲线的构图形式，具有延长、变化的特点，给人以韵律感，产生优美、雅致、协调的感觉。当需要采用曲线形式表现被摄体时，应首先考虑使用 S 形构图。S 形构图常用于拍摄河流、溪水、曲径、山路等。

45mm F11 1/500s ISO100
S 形曲线让画面延伸、更有深度

S 形构图能让人从画面中感受到优美与稳定。大自然创造的风景中有着各种各样的曲线。曲线会给风景增添圆滑、柔和的感觉，同时又能表现出流畅的动感。通过调整相机的角度来改变弧线的弧度也是很有趣的。

180mm F5.6 1/500 ISO200
各种 S 形曲线在雪地上构成有趣的图案

200mm F4 1/30 ISO600
梯田中错综复杂的 S 形曲线将光影分隔开

4.6 人像构图

4.6.1 人像构图概述

在人像摄影中，画面的人物姿态、拍摄角度、取景范围、人物在画面中的位置都是一个摄影师应该关注的问题。通过一张理想的画面，创作出一幅优秀的作品，构图是非常重要的，因为构图是决定照片成败的关键，摄影师要认真地构图。人物在画面中的位置是一种构图的表现，将人物放在画面中适当的位置，不仅可以使人物获得主体的地位，还可以平衡画面。对于初学者来说，很多人拍摄的照片都是人物居画面中央的构图，不是说这种构图不好，而是这种照片在画面中缺少变化，而且会给人一种呆板的视觉感受。

4.6.2 人像摄影构图的含义

一幅人像摄影照片，是由人物形象的大小、线条、光源、色彩、影调层次、虚实对比等因素组成的。摄影师需要将拍摄点与被摄者的距离、拍摄角度以及对人物的选择等方面尽可能完美地集中在一幅人像的画面中，才能更好地让人像照片精彩。

人像摄影构图就是在画面中利用取景的安排来把景物和人物在画面中统一协调起来，在有限的空间和平面上对摄影师表现的人物形象进行组织，形成特定的画面结构来表现摄影师的意图。因此，构图要从全局出发，最终到达整个画面的统一。

4.6.3 人像摄影构图的目的

人像摄影构图的目的是把人物加以强调和突出，把烦琐的、次要的、不应该出现的陪体去掉或虚化，恰当地安排陪体，选择环境，使被摄人物在生活中表现得更具有艺术效果，通过摄影的手段表达被摄人物的思想情感。

50mm F3.5 1/300s ISO100

大面积漂亮的枫叶衬托出人物的美丽

135mm F2 1/450s ISO100

利用长焦镜头的特性将人物后的背景虚化，突出主体人物

4.7 简化构图

摄影是减法的艺术。人像摄影中，人物是摄影师拍摄的主体，摄影师通过虚化关系、对比（大小、色彩等）、裁切等多种方法尽量让人物照片简化，再简化。因为简洁的构图是拍摄人像照片的关键，会使照片的主题和人物更加突出，给人以和谐轻松的感觉。如果人物在繁杂的画面中作为被摄对象，要求摄影师尽可能地简化画面可不是一件容易的事。无论是通过控制景深来使人物背景纯净，还是在人物背后饰有背景布，都要使人物和背景的色调达到统一的效果。简化画面元素以突出人物主体的构图方式是使用最多的，而且方便、快捷，拍摄的效果也是让人满意的。

85mm F3.5 1/400s ISO100
这幅照片显然比上面一幅照片要简洁很多，构图时要避免不需要的景物进入画面

4.8 常见人像构图分类

4.8.1 横向构图

就数码单反相机的构造来说，几乎所有数码单反相机的基本把持姿势都是方便横向拍摄的，所以初学者往往使用横向取景拍摄比较容易；另外，人的左、右双眼看到的影像也是横向构图的，所以横向构图的照片看起来也特别自然。最后，横向构图一般能表现出平衡、轻松的感觉，对于初学者来说是比较安全的构图方式。

采用横向构图拍摄，人物在画面中的比例协调，更加突显整张照片的稳定感。为了塑造比较稳定的取景，宜在照片中安排有深色背景以呼应画面中的人物，平衡画面。

45mm F8 1/125s ISO100
人物的姿态成水平状态时，最好使用横向构图，人物在画面中的比例会大一些

4.8.2 竖向构图

人像摄影通常用竖拍取景构图，是因为人都是直立的，竖拍构图可以让被拍摄者的身体大部分被摄入画面中，更加突出被摄主体。

竖向构图的人像照片中因含背景较少，从而使人物比较突出，能表现出被摄人物婀娜的身姿。在被摄人物的头顶留有空间，使得画面布局错落有致。因此在拍摄过程中需要注意，要在被摄者的视线方向和动作方向上多留一点空间。竖向取景相对于横向取景不易分散视线，可以使视线集中到主被摄体上，而且协调主被摄体和周围背景。

65mm F4.5 1/250s ISO100

100mm F2.8 1/90s ISO400

4.8.3 留白构图

照片上除了看得见的实体对象之外，还有一些空白部分，它们是由单一色调的背景所组成的，形成与实体对象之间的空隙。单一色调的背景可以是天空、水面、草原、土地或者其他景物。留白的构图在很多照片拍摄时都会用上，特别是横构图拍摄人物时。留白可以使重点突出，并且给人以想象的空间。

24mm F8 1/250s ISO100
采用大面积留白的构图，留白的地方一定要干净整洁

4.8.4 人像特写

人像特写表现人物肩部以上的头像，主要用来刻画人物面部的表情，所以人物的面部表情非常重要。也可以只表现人物面部的一个局部，去突出想表达的细节。

人像特写画面构图应该力求饱满，对人像的处理宁大勿小，空间范围宁小勿空。通过特写，表现人物的面部表情，展现人物的内心世界。拍摄人物特写时需要观察人物脸部的特征，尽量去表现人物最完美的一面。如果被摄人物脸部较宽，就要尽量从侧面去拍；如果下巴较长，要稍微采用俯视的角度去拍；如果被摄者有一双美丽的大眼睛，不妨去拍摄眼睛的特写。

人像特写可以用最简单的构图方式去拍摄，只需要让被摄人物保持一点微笑或者其他表情，就可以轻松拍到满意的照片。

100mm F8 1/125s ISO100
特写表现人物眼神的状态，赋予照片活力

4.8.5 近景人像

近景人像的拍摄可以很好地表现出人物的神态，在拍摄时应该注意人物的表情和姿势。

近景人像摄影的取景方式以拍摄人物脸部到腰部以上的上半身为宜。近景人像拍摄重在表现人物的神态，利用环境衬托气氛。当需要表现人物的神态或强化气氛时，让人物充满画面也是很好的选择。

协调人物周围的环境更能创造出表现人物神态的氛围。近景人像拍摄用以细致表现人物的神态。但近景容易形成证件照的效果，因而拍摄的重点应在于人物面部的表情。

拍摄近景人像时，如果是背景协调或色彩对比效果明显的环境，最好使用横向构图。如果没有特殊的辅助物体衬托被摄主体，应该果断使用纵向构图取景，排除影响主体的背景。

135mm F2 1/500s ISO100
拍摄近景人像时，离人物近一些不仅方便交谈，还能更好地虚化背景

4.8.6 中景人像

50mm F3.5 1/200s ISO220
拍摄中景人像最适合在室外拍摄

中景人像是指拍摄人物头部至膝盖部位，也称半身人像。此种拍摄方式可强化人物的活力，强调人物膝盖以上的部位。在实际拍摄时，可以采用焦距范围大约在 85 ~ 135mm 的中焦镜头。

中焦距镜头拍出的照片比较符合人们的视觉习惯，变形较小，透视也正常。由于与被摄人物距离较远，不会因过于靠近拍摄对象而引起人物的不安。所以中焦镜头也称人像镜头。中景人像摄影，由于其拍摄的方式不同，就会有不同的效果。一般将被摄人物安排在画面的一侧，其视线则应面向另一侧。

而在头顶留出空白，能够解决憋闷感的产生。另外，人物的姿势也应该有所变化，两条胳膊和腿与身体平行的姿势不利于表现人物的活力。

4.8.7 全身人像

全身人像是指拍摄人物全身的照片，可展现人物美丽的身体线条与动态，在构图上要特别注意人物和背景的结合，以及被摄人物姿态的处理。

45mm F5.6 1/250s ISO100
竖拍全身人像照片，能够很好地表现人物线条美

4.8.8 环境人像

环境人像指的是利用环境来衬托人物，主要是通过环境与人物的比例关系，利用场景突出人物所在环境的意境等效果。不同的场景会带来不同的感受，这种感觉称为“氛围”。而环境人像的拍摄，就是让人物和拍摄出来的照片融入这个氛围的一个过程。任何一种环境的氛围都需要认真地去感受，体会。

要学会利用环境的感觉来拍照。这样拍出的照片，人物会更好地融入画面，因为这种照片往往都是有主题的，人物与环境的氛围形成某种意境。有时候环境本身就能呈现一种氛围，拍摄者不要强加某种主题，否则会画蛇添足。充分地利用环境就是一种主题，结合人物特征，表现得会更贴切、自然。

拍摄这类照片，因为要拍摄大环境所以取景范围比较大。要避免环境复杂，应选择比较简洁的画面作为背景，一般选择广角镜头拍摄。摄影师还可以离近被摄者，让其在画面中的比例多占据一部分，人物占画面中的比例太小就不太好看了。

135mm F2 1/400s ISO200
利用环境来表现人物的时候，画面在环境中一定要有好的氛围

105mm F2.8 1/600 ISO400

4.8.9 不要在人物头部留太多的空间

在拍摄人物半身照时，在人物头部留下大片的空间是一些初学者和业余爱好者常犯的错误。尤其是没有可以增强画面表现力或烘托气氛的背景，或者背景完全是虚化的，这样做就是在浪费空间，并且使画面中的人物具有压迫感，不利于人物主体地位的突出，甚至使整个画面显得不协调。如何避免在人物头部留下太多的空间呢？其实很简单，只要记住一个原则就可以了，有经验的摄影师都知道，人物眼睛的位置位于画面上方三分之一处有利于拍出具有视觉冲击力的照片。照片中人物眼睛的位置决定了人物头部不会有太多的空间。

135mm F2 1/100s ISO250
从上面的两张图片可以明显地看出左边的人物充满整个画面，很饱满。很多时候，摄影爱好者们不能很好地利用焦距锁定功能，为了对焦准确舍弃了拍摄中的完美构图。在以后的构图中要避免人物头顶留有大片的空白

4.9 黄金分割构图

4.9.1 黄金分割概念

黄金分割的构图原理在摄影中被广泛运用。实践证明，在绘画、摄影、设计等艺术的表现形式中，黄金分割构图都可以给人带来愉快的视觉感。

黄金分割法，就是把一条直线段分成两部分，其中一部分对全部的比等于另外一部分对这一部分的比，常用 2：3，3：5，5：8 等近似值的比例关系，这种比例也称黄金律。根据经验，将主体景物安排在黄金分割点附近，能更好地发挥主体景物在画面上的组织作用，这样有利于周围景物的协调和联系，容易产生美感。把人物放在黄金分割点上，整个画面给人舒服、和谐的感觉，能产生较好的视觉效果，使主体景物更加鲜明、突出。另外，人们看图片和书刊时有个习惯，就是视线由左向右移动，视线经过运动，往往视点落于右侧，所以采用黄金分割构图时把主要景物、醒目的形象安置在右边，更能收到良好的效果。

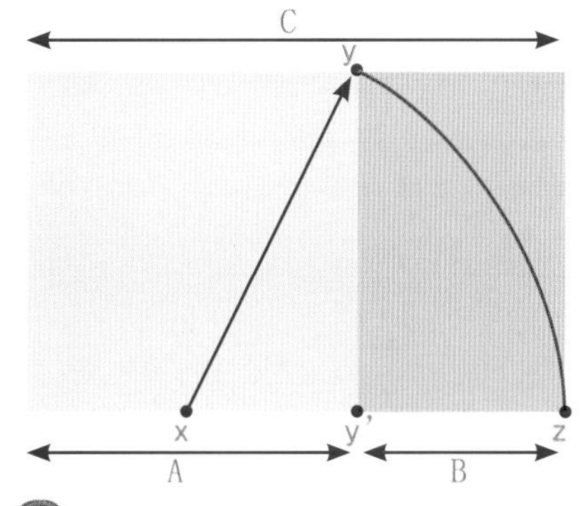

如图所示：“黄金分割”公式可以从一个正方形来推导，将正方形底边分成二等分，取中点 X，以 X 为圆心，线段 XY 为半径作圆，其与底边直线的交点为 Z 点，这样将正方形延伸为一个比率为 5:8 的矩形，（Y’点即为“黄金分割点”），A:C = B:A = 5:8。幸运的是，35mm 胶片幅面的比率正好非常接近这种 5:8 的比率（24:36 = 5:7.5）

4.9.2 人物照片

85mm F3.5 1/400s ISO100 把人物放置在黄金分割点上，画面比较协调

4.9.3 风景照片

65mm F5.6 1/400s ISO200 将花卉放置在黄金分割点上，整个画面比较协调、自然

第5章 光线缔造画面氛围

光线是摄影的生命。在不同的环境、地点光线千差万别。如果能很好地把握各种环境下的光线，可以创作出更加完美的照片。本章就介绍在外景、室内、夜景等环境下如何运用光线来拍摄，为了更好地运用光线创作，就让我们找出它们的特点和拍摄方法，再灵活地运用它。

5.1 正确选择曝光

测光表和自动相机的问世，使得正确选择曝光的过程变得越来越简单和方便。测光表能测出照射到被摄物上的光线强弱，并将其读数显示为光圈大小与快门速度。测光表基本上可分为入射式和反射式两类。入射式测光表测量直接投射到被摄物上的光量。反射式测光表测量由被摄物反射的光。相机的机内测光表，通常都是反射式的，使用时只要把相机朝着要测量的方向即可。但它也存在一些问题，大部分反射式测光表测量的角度都很宽，如果被摄主体周围特别

45mm F8 1/250s ISO100
景物的反差适中时，可以直接对景物进行整体测光

35mm F11 1/350s ISO100
景物的反差很大时，就要选择曝光点，以亮的景物作为曝光点，画面就偏暗，以暗的景物作为曝光点，亮部就没有层次

亮或暗的话，测光表便会提供错误的曝光资料，导致主体曝光不足或过度。

现在虽然有一些反射式测光表可以测量一个较小的范围，有些相机的内置测光表也有这种“重点”测量的功能，可以避免反射式测光表在过亮或过暗的背景反射下引起的误差，但仍须由使用者自己控制。假设在一个画面内有一个黑色的主体、一个中间灰色的主体和一个白色的主体，如果用反射式测光表测量灰色的主体，它便会提供某一曝光读数，例如1/125s、F8；如果再去测量那白色的主体，更多的光量会反射到测光体上，因此测光表会提供过少的曝光读数，例如1/125s、F16；再去测量黑色的主体，便会提供较多的曝光读数，例如1/125s、F4。在这种情况下，实践证明，应该选用测自灰色主体的曝光读数。这是因为测光表的调校是以适合中间灰色为准的。不论所测量的反射光的来源如何，只要是根据其曝光读数来拍摄，得出的照片便会呈中间灰调。

5.2 自然风景用光

5.2.1 太阳落山时的水面

夕阳是一天中最精彩的时刻，这个时候太阳的颜色是鹅蛋黄，是最漂亮的，等太阳完全落下，天空也就慢慢变黑了，原来红色的氛围完全消失。所以我们要抓住这短暂的时间，记录下美好的瞬间。拍摄夕阳时，如果想使照片色调偏暖一些，可适当调高相机的色温值。如果直接对准太阳测光，曝光量是不准确的，会导致其他景物曝光不足的情况。应该以太阳附近的云彩的亮度为测光点，然后适当增减曝光量。

28mm F8 1/500s ISO100
夕阳落下的时候，平静的湖泊倒映了天空的色彩，形成了具有对称效果的美景

5.2.2 阴天散射光

阴天光线比较暗，风景会出现低沉的气氛，拍摄时要特别注意不要曝光过度。在阴天，选择景物及构图要注意景物的反差，尽量选择较暗的景物作为背景，主体景物给予一定的曝光补偿，来增加照片的层次和立体感。

85mm F3.5 1/400s ISO100
阴天的光线，背景暗淡能更好地凸现出嫩芽的透亮

5.2.3 直射光线

太阳的光线从枝叶的缝隙间直射进来，会形成强烈的阴影。这种光线的明暗反差强烈，需要根据拍摄的环境来选择增减曝光量，对于大面积照射的光线景物时，需要适当增加曝光量，而对于大面积的阴影景物时，则需要适当减少曝光量。

50mm F3.5 1/450s ISO100
直射光线下对亮的部位进行测光、拍摄

5.2.4 运用光线角度拍摄景物

75mm F4 1/640s ISO100
选择逆光的位置拍摄景物，叶子会非常透亮

在太阳光下拍摄自然景物，画面中有主体景物的照片中都会因为光线角度使得景物有不同的表现形式。逆光、侧光、顺光等光线照射景物主体时，光线角度能表现出主体的质感、轮廓与立体感。太阳光照射景物，在短时间内光线角度是不会变化的，只能通过摄影师移动拍摄位置选择最佳的光线角度。

100mm F2.8 1/200s ISO200

5.3 人像用光

5.3.1 人像摄影的测光与曝光

135mm F2 1/500s ISO100
拍摄人像照片基本上都要以人物的脸部进行测光、曝光

使用数码单反相机拍摄人像，一般中景以上的构图曝光以稍欠为宜。在这样的大景别中，环境因素影响较多，若曝光过度会影响到画面中环境因素的真实还原。但是在拍摄中景以下景别时，人物的曝光可以稍微过量1/3到1级，这样做是为了使人物皮肤显得更白皙。

测光时，你需要选择人的脸部为曝光依据，曝光量才是最准确的。即使人物周围的景物过曝或是欠曝，只要人物脸部曝光准确就可以了，因为人像拍摄首要的是人物，然后才是周围的背景。人物的曝光受周围环境的影响比较大，一般采用中央重点测光模式进行测光，这种测光模式可以兼顾周围的环境，特别适合人像拍摄。还可以将人物的脸部充满整个画面进行测光，锁定曝光量后重新构图、拍摄。

5.3.2 正面光

65mm F8 1/250s ISO100
正面直射光线打亮了人物的脸部

正面光是指光源从人物的正对面打亮人物的光线，在正面光的照射下，人物脸部均匀受光，投影落在背后。这种光线平淡，明暗反差小，影调层次不够丰富，不容易表现人物脸部的立体感，但是拍摄女性来说会使皮肤更加柔和，因此正面光拍摄也是非常不错的方式。在使用正面光拍摄人像时曝光不可过度，一般使用平均测光就可以获得理想效果。正面光适合拍摄特写和近景这样的小景别，因为它可以具体地表现人物的每个细节和层次。

5.3.3 侧面光

拍摄侧面人像对被摄者具有强烈的吸引力，因为人们一般不大有机会从这种角度端详自己的形象。要拍好侧面人像照片，除了要求被摄者姿势摆得好，还得运用特殊的照明方法。从而赋予照片一种特殊的美感。首先应使被摄者侧肩与镜头透镜光轴成 45°角，不能与透镜光轴平行。并使被摄者坐得高一点，使鼻子与透镜光轴垂直。在拍摄男性时，男性的下巴稍微低一些，头部略向背景靠。在拍摄女性时，女性侧面像的头部无论向哪个方向——上仰或下俯，左侧或右侧，效果都很好。眼睛的方向也很重要，被摄者的眼睛瞳孔最好与透镜光轴垂直，头稍仰时往上看，低头时则往下看。

50mm F2 1/100s ISO200
光线从人物的侧面照射，使人物脸部有立体感

5.3.4 逆光人像

逆光是指光源在人物的后方形成的光线，这种光线使人物的正面不能得到正确的曝光，失去了人物的细节层次。这种光线勾画人物的轮廓，对于动作和形体的表现还是有一定作用的。运用逆光也并不是要拍摄剪影效果，如果把人物脸部的光线打亮，最终获得的图片将是非常不错的。逆光拍摄时，背景比较亮，而主体光线比较暗，如果主体有补光，逆光是一种很好的创意光线。逆光拍摄大多适合于中景以上的景别，如全景和远景这样的景别。因为这样的景别，除了能够体现人物的形态外，还能够对环境进行一定程度的体现，以丰富画面。

85mm F2 1/500s ISO100
逆光下的人物头发会特别透亮，被摄人物四周还形成了轮廓光

135mm F2 1/450s ISO100

5.3.5 剪影

剪影照片是以画面中最亮的地方进行正常曝光，而主体呈现剪影的效果。日出和夕阳时分，是拍摄人物剪影最好的时机，此时背景比较亮，人物与背景之间反差特别大，对背景进行曝光可以得到很好的剪影效果。测光时，经常采用点测光对背景进行测光，如果镜头是变焦镜头，把镜头放到长焦端进行测光，但是不要让太阳光直射入镜头，然后锁定曝光再进行取景、拍摄。摄影师通常使用全手动模式，慢速快门配合小光圈。拍出的人像即接近全景，又能展现夕阳的色彩。一般来说，数码单反相机的镜头最小光圈是在 F16 到 F22 左右，光圈如果不够小，要用减光镜，人物虽然要形成剪影但也不必完全处于全黑状态，稍带有一些层次效果可能会更好。所以要选择不同的曝光量进行多次拍摄，以达到最佳效果。

50mm F4 1/450s ISO200
以天空为背景进行测光、人物为对焦点进行拍摄

5.3.6 窗户光

画家在几个世纪以前就利用从窗户照射进来的光线绘画人像，因为这种光线造型能力很强，而且这种光线带有方向性且柔和。如今，更多的摄影师开始在室内拍摄时使用窗户光。并不是光使用窗户光就能拍摄到完美的照片，还需要使用一块反光板来提亮人物暗部的阴影，有了反光板的参与，摄影师就可以很好地控制人物脸部的亮部与暗部的反差，使得拍摄的效果柔和而且优雅。

35mm F2.8 1/65s ISO400

50mm F2.2 1/140s ISO800　　通过窗户光照射人物的光线非常柔和

5.4 人物补光——反光板

5.4.1 漫射光条件下的补光

漫射光的光线很柔和，其实反光板并不能给人物补多少的光线，这时使用反光板的主要目的就是增加人物的眼神光。当反光板放置在被摄人物的斜下方时，反光板会在人物的眼睛里映出光斑，这个光斑使人物的眼神显得更有神。

135mm F2 1/450s ISO200
下雨天的时候用反光板给人物补光，其实没有给脸部增加多少光线而是增加了人物眼中的眼神光

5.4.2 直射光条件下的补光

室外拍摄人像，很多时候都是直射光线，太阳光直射在被摄人物身上。明亮部分和阴影部分的光比一般情况强，拍摄时要给人物脸部进行补光。使用反光板，一是可以得到照射到被摄者脸上的定向光线，并且还能使脸部的曝光量增加一到两档；二是避免背景出现严重的曝光过度。

反光板大多是在面对被摄者和主光源夹角时才能照亮被摄者。将反光板转到偏向被摄者的方向就会降低投射在其表面的光线强度，而将反光板转到偏向主光源的方向就会反射更多偏离被摄者方向的光线。

105mm F4 1/350s ISO100
用反光板给夕阳下的人物补光，被摄人物的脸部色调会显得暖和

135mm F2 1/500s ISO100

5.5 高、低调人像照片

5.5.1 高调人像照片

所谓高调人像照片，就是在画面中只有很少部分的低色调，而其他部分都是亮色调。高调照片给人以纯洁、通透、恬静、淡雅、赏心悦目的感觉，高调人像照片会使人物显得淡雅脱俗。在拍摄高调人像照片时，对人物的着装有着一定的要求，需要穿着浅色的衣服，如果被摄人物穿着深色衣服，是拍不出高调的效果的。

其实在室内就可以拍摄高调照片，室内的窗户旁就可以很好地拍摄高调照片，窗外的光线摄入室内，一般光线都是比较亮的，拍摄人物时再得到正确的曝光就可以拍出高调照片了。要注意的是，逆光拍摄高调照片，要使被摄人物挡住光源，相机对准人物的面部，使脸部充分曝光，得到的高调照片会更好。

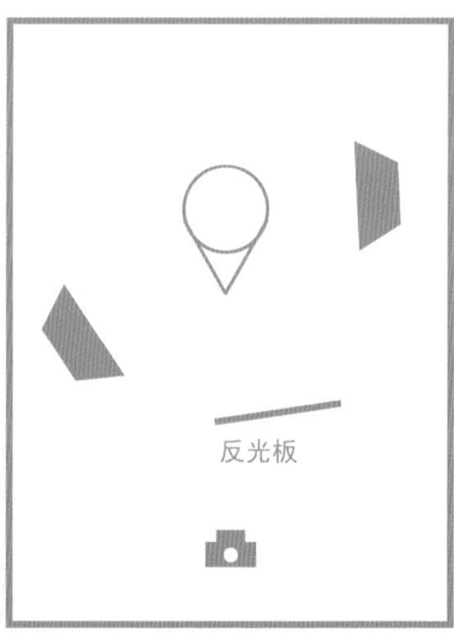

75mm F3.5 1/250s ISO100
高调的人像照片给人干净、清新的感觉

5.5.2 低调人像照片

低调人像照片，顾名思义，画面中绝大部分都是暗色调，所要表现的人物主体比较明亮的照片，这样的画面适合表现被摄人物稳重、沉着、含蓄、端庄的性格。拍摄低调人物照片，也有一定的要求：被摄者应穿深色衣服，以便在画面上形成大面积的暗色调。在拍摄这类人像照片时，多用侧光、侧逆光、高逆光，这些光线勾勒出被摄者的轮廓，被摄者其他部位都在阴影里，可以使整个画面表现出低调效果。在拍摄低人像调照片时，曝光点的选择一般是被摄主体中最亮的点，曝光要稍过一些，以增加一些暗部的层次。拍摄低调人像照片，背景如果过亮，就需要选择暗一些的背景重新构图，以保证画面整体呈暗色调。

50mm F4.5 1/100s ISO250
灯光只打亮人物脸部的位置，使周围的景物暗下去

5.6 在晴朗阳光下拍摄人像

晴朗的阳光下，光线为直射光线，照在女孩的脸上产生明暗阴影，会破坏女孩美丽的形象。一般拍摄女性照片会将光比控制在1：2左右，晴朗阳光下的脸部光比很难控制到1：2，必要时可以使用反光板来适当增加暗部的光线，缩小人物亮部与暗部之间的反差。

如果没有反光板给人物补光，可以让人物背对太阳光或让人物处于阴影的环境下，避免太阳光线直射人物形成"大花脸"的情况。

105mm F2 1/350s ISO100
晴朗的阳光下在树荫下拍摄

135mm F2 1/500s ISO100
直射光线下，如果人物处于逆光状态，头发上会有发光，增加画面活力

5.7 在阴雨天中拍摄人像

一场雨过后，被雨水洗刷的绿叶、绿草一下子充满生机，绿色变得更加浓郁。如果用长焦镜头在这样的环境里拍摄人像照片，人物后面的背景会被虚化，画面给人带来清新自然的感觉。阴天的光线相对来说还是弱的，适当提高感光度（ISO200或ISO400），让人物得到充足的光线照射。阴雨天环境下的光线比较均匀，拍摄人物时选择中央重点测光模式就可以很准确地对人物测光。

85mm F3.5 1/250s ISO200 阴雨天背景颜色很漂亮

5.8 在落日时分拍摄人像

落日时分也是拍摄人像的最佳时机。日落的景色非常迷人，但是拍摄人物和落日的光线反差特别大，因此不太好拍摄。使用外拍灯打亮人物则会得到非常不错的照片。拍摄时，根据天空明暗进行测光然后把曝光调成手动模式，打开闪光灯对人物眼睛对焦，然后拍摄。

35mm F8 1/125s ISO100
以天空为曝光点设置光圈和快门速度，然后用闪光灯来打亮人物的脸部

5.9 拍摄夜景人像

夜景拍摄，往往闪光灯只打亮了人物，而背景却非常暗，几乎没有得到正确的曝光，导致背景全黑就不漂亮了。要让背景和人物都有合适的曝光,需要使用慢速对背景进行曝光,打开闪光灯给人物补光，这样就可以拍摄到人物与夜景环境的照片。切记：拍摄的时候最好用三脚架，为了让人物没有虚影，在快门完全释放之前，人物最好不要动。

50mm F4 3s ISO100
慢速曝光对夜景进行曝光，用闪光灯打亮人物的脸部

5.10 使用外拍灯拍摄人像

室外使用外拍灯的基本用光原理和室内影棚差不多。但效果控制有特殊性。

首先，相机的曝光设定必须是全手动的，任何相机的自动测光和自动曝光程序都无法感应出闪光瞬间的曝光量。在使用闪光灯时，摄影者必须对闪光灯的曝光特性原理有所掌握。闪光灯的瞬间发光持续时间很短，一般在1/1000s以内。所以控制闪光灯曝光量的相机控制，只和光圈以及感光度设定有关，和快门速度无关。

快门速度只要保证处在闪光同步范围内，无论如何变化，只要光圈和感光度设置不变，闪光曝光量是一样的。基于这样的特性，在室外使用外拍灯拍摄时，快门速度基本是不变的，根据现场的环境来控制光圈的大小，外拍灯离被摄主体的远近也可是控制曝光量的主要因素。

室外拍摄人物照片，外拍灯使用得最多。以外拍灯作为主光光源，自然光作为辅助光，可以拍摄到奇特的画面效果。当背景光线比较强烈时，例如日落时的景色非常迷人，但是人物和落日的光线反差特别大，以至于不太好拍摄，而使用外拍灯打亮人物则会得到非常不错的照片。

35mm F8 1/100s ISO100

使用外拍灯的时候一定要调整到最合适的快门速度，快门速度过快会出现曝光不足的现象，快门速度过慢人物会虚化。

5.11 人像摄影光线的性质

5.11.1 光质

有了光线，世界万物才变得五彩缤纷。太阳落山，大自然的一切就失去了原来的色彩。万物呈现各式各样的色彩，除了反射照射在物体本身的光线外，还会受到色温的变化，因为物体受到光线的照射时，并不是全部反射或是全部吸收，而是部分吸收、部分反射，当物体受到不同波长的光线照射时就会产生各式各样的颜色。

5.11.2 光亮

光亮就是光的明亮程度，即光强。不同的光源发出的光强是不同的，晴朗的天气里，太阳光散发的光线就很强，拍摄人像的时候要对曝光进行控制，否则人物照片会因为曝光过度导致照片失去了很多细节层次，要适当减少曝光量。如果在光线较暗的环境里拍摄人像照片，不增加曝光量，不利于表现层次和色彩，虽然光强有强有弱，但最主要的就是要正常的曝光，才能更好地完成人像摄影照片的拍摄。

5.11.3 反光率

自然界中，眼睛看到的物体会呈现出深浅不同的色彩变化，在光学中被称为反光率。反光率是由周围环境与物体相互产生的反射和折射造成的，拍摄人物照片需要根据环境的反射率来增减曝光补偿。

物体	反光率
雪景	97%
白纸	60%-80%
水泥	60%-80%
黑纸	5%-10%
白布	30%-60%
黄种人皮肤	18%-20%
黑布	1%

5.11.4 光比

光比是指被摄景物或人物的亮部与暗部之间的光强之比。对于不同的景物表现立体感等信息，控制的光比也会有很大区别，拍摄人像常用到的光比有1：2、1：2、1：4。拍摄人像照片的时候可以使用测光表测出对应的曝光参数，根据曝光参数就可以估算出拍摄人物的亮部与暗部之间的光比。

75mm F3.5 1/400s ISO100

亮部测光表读数1/125s F11 ISO100

暗部测光表读数1/125s F8 ISO100

通过光圈值F8与F11，可以计算出亮部与暗部的光比为1：2

5.11.5 光位

光位即光线的投射方向和光源的位置，利用光位拍摄人像照片是具有创意性的。根据光源与被摄主体和相机水平方向的相对位置，可以将光线分为顺光、前侧光、侧光、侧逆光、逆光等几种光线。还可以按照三者的纵向位置分为顶光、俯射光、平射光、仰射光4种光位。

在摄影中光线的方向应该是按照相机拍摄的方向（相机镜头光轴的方向）为基准的，而不是以被摄人物为基准。

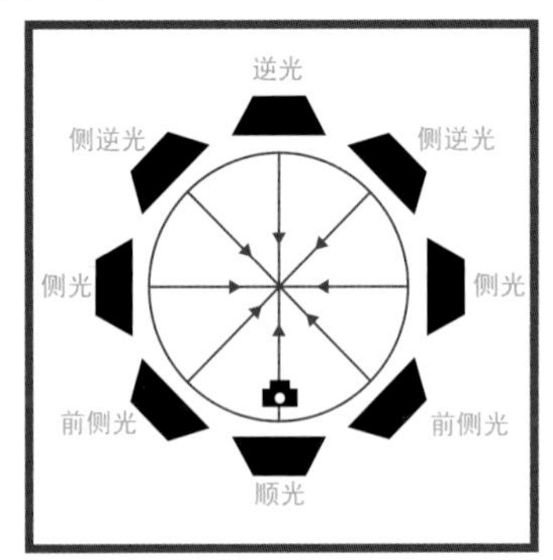

光线的横向分类

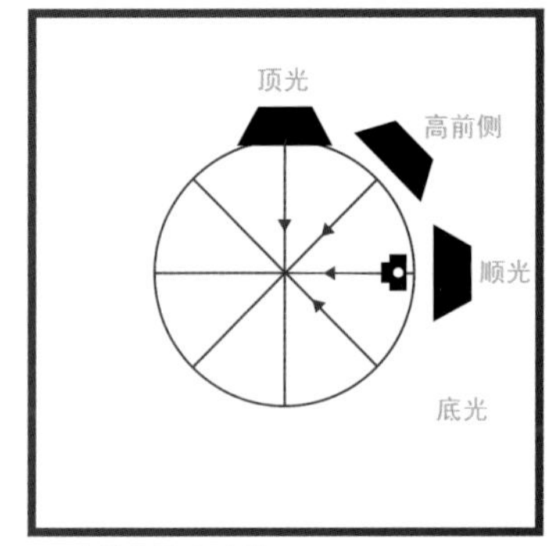

光线的纵向分类

顺光

顺光是光线从相机背后照射被摄者，与相机的光轴线形成0°～15°夹角。因为光源从拍摄方向正面射向被摄体，所以也称正面光。在顺光的照射下，被摄体的正面均匀受光，投影落在背后。

50mm F2 1/200s ISO100 顺光光线不会在人物的脸上形成强烈的阴影

这种光线比较平淡，明暗反差小，影调层次也不够丰富，既不易表达景物的立体感和空间纵深感，也不利于表现物体的表面质感。因此，在摄影创作中除用它作辅助光外，很少用它作被摄体照明的主要光源。在摄影实践中，有时因环境条件或时间的限制，也免不了要利用顺光拍摄。

使用顺光拍摄人像时曝光不可过度，一般使用平均测光就可以获得理想效果。顺光比较适合拍摄特写和近景这样的小景别，因为它可以具体地表现人物面部的每个细节和层次。

侧光

侧光是指光源从被摄体的左侧或右侧射来的光线照射人物，与相机的光轴线大约成90°夹角。如果光线是从被摄体的侧前方射来，与被摄体成45°左右时，则称为前侧光。

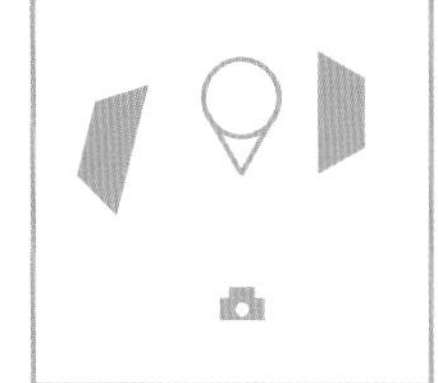

侧光通常不适合用于拍摄女性，因为侧光会在人物脸部产生强烈的阴影。但是这种光线却可以更强烈地表现人物的性格和情感。使用侧光拍摄要注意最好不要使用硬光光源，由于数码单反相机宽容度很低，如果使用硬光光源，则在人物脸部阴影部分将没有任何的细节。

侧光能够拍摄的景别很多，大景别能体现的感觉更强烈；而小景别则能够使被摄者变得更瘦一些。如果利用好光线所产生的阴影，画面的表现力还是很强的。

65mm F8 1/125s ISO100

用直射光线直接从侧面打亮人物表现男生脸部的骨骼和所呈现出的立体感

侧逆光

135mm F2 1/500s ISO100

侧逆光光线在人物的头发上形成发光

侧逆光是来自相机的斜前方（左前方或右前方），与镜头光轴成120°~150°夹角的照明光线。

采用侧逆光照明，被摄者面部和身体的受光面只占小部分，阴影面占大部分，所以影调显得比较沉重。在这种情况下拍摄，对人物阴影面影调的控制和调整很重要。一般来说，阴影面曝光不宜过少，以免影调太深太重。遇到暗部太暗时，可以利用反光板、电子闪光灯等辅助灯具适当提高阴影面的亮度，修饰阴影面的立体层次。其实这是拍摄人像很常用的一种方法，太阳光照射在人物的头发上会形成很漂亮的发光，脸部由反光板或闪光灯打亮，脸上的光线加上发光的效果会非常漂亮。

侧逆光照明还可以在被摄人物头发上、肩上、脸上形成明亮的光斑和轮廓，最好选择暗调子的环境作为人物的背景，以衬托出被摄者明亮的轮廓，并把人物从环境中烘托出来。

顶光

45mm F8 1/125s ISO100 从人物的头顶上方向下打光

顶光是来自顶部的光线，与人物、相机成90°左右的角度。人物在这种光线下，其头顶、前额、鼻头很亮，下眼窝、两腮和鼻子下面完全处于阴影之中，形成一种反常奇特的形态。因此，应避免使用这种光线拍摄人物。在表现人物比较阴险一面的时候，可以使用顶光打亮人物，会得到不错的效果。

5.12 影棚人像用光

5.12.1 主光

在人像布光中，主光是照明和塑造形体的主要光线，方向性非常明确。随着主光源的左右移动、变换高低角度、与被摄人物的距离都直接会影响到被摄人物的明暗效果。摄影师不管是在室外拍摄人物还是在室内拍摄人物，首先要选择好主光源的位置，使它的照明方向、等位高低和光束面积都达到最有利的状态，然后进行其他辅助光的布置。还需要注意的是拍摄人物照片的曝光量也是以主光源为依据的，如果测光的时候是对暗部或者亮部进行测光，这样相应的画面中的亮部或者暗部就会缺失层次感，就是说在测光时应选择光线较平均的地方。

35mm F8 1/125s ISO100
用直射光线照亮人物，要对脸部进行测光

5.12.2 辅助光

单一的主光光源虽然是人物造型的主要光线，但是缺少了辅助光，人像照片就不一定能达到完美效果。这种光线辅助主体进行塑造人物，简称辅助光。它主要的作用就是给阴影部分进行补光，使亮部与暗部之间的反差减小。辅助光可以使用和主光源一样的灯光箱照明，只是光线的强度弱一些，还可以使用反光板来补光。目的就是为了提高暗面的亮度，控制亮部与暗部之间的光比，辅助光越强，光比越小；辅助光越暗，光比越大。

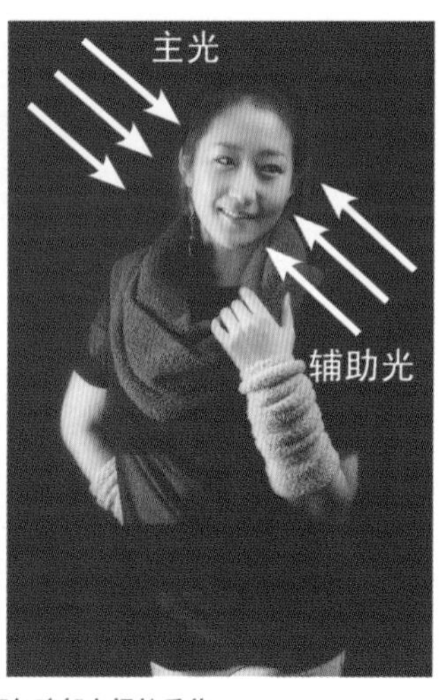

55mm F11 1/100s ISO100 用反光板打亮人物暗部，减小亮部与暗部之间的反差

5.12.3 轮廓光

轮廓光一般从约150°到接近180°的侧逆光照射人物，沿着人物的边缘形成一条明亮的线条光线就是轮廓光。拍摄人物时，会在被摄人物的头发、肩膀、腰部形成一条亮的轮廓光，形成具有表现力的光线效果。

轮廓光的作用：

1.表现人物的轮廓特征

2.在人物的边缘形成亮的线条

3.形成特定的光线效果

人物形成轮廓光的效果，暗面和亮部的反差会特别大，测光时要以暗部为准，这样就不会损失暗部细节的层次。亮部会曝光过度，形成明亮的线条反而会增强画面的效果。

50mm F8 1/125s ISO100
从背后给人物打光很容易形成轮廓光

5.12.4 背景光

专门照射背景的光线叫背景光，背景光只照射背景，不照射人物。一般情况下要用专门的灯具去照射背景，在背景上形成具有创意性的图案和渐变效果等。给背景打光主要的作用就是调整背景的亮度，从而使人物更加突出，增强画面的纵深感。拍人物的时候，大多数情况下，被摄人物要远离背景，否则打亮人物的主光源会同时打亮背景，这样背景光的效果就不明显了。

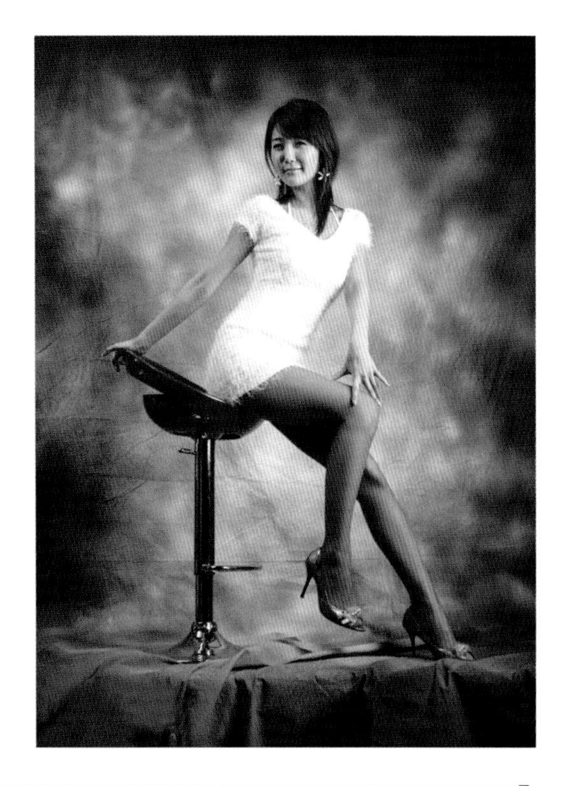

35mm F5.6 1/100s ISO100
使用灯光打亮背景，使背景产生渐变的效果

5.12.5 修饰光

如果被摄人物的某一局部比较暗，或是要对某一局部进行表现时，需要使用照明光线来进行补光，这种照亮局部的光线称为修饰光。在拍摄人像照片时，如果被摄人物的脸部、衣服等局部范围光线比较暗，就可以用一盏小功率的照明灯进行局部照明，使画面的色调达到理想的效果。在拍摄人像时，用的最多的就是给人物的头发打光，只需要用一盏聚光灯从人物后侧打向人物的头发。利用修饰光的时候，一定不要破坏人物画面的整体亮度，使光线效果达到统一。

55mm F8 1/100s ISO200
在人物的背后用一盏灯打亮头发，会形成发光

5.13 人像布光

5.13.1 拍女性打蝶形光

当灯位于模特正前上方，灯光从人的头顶上方打下来，人的鼻子下形成类似单蝴蝶阴影，这种光叫做蝶形光，一般拍摄女性用这种光比较多，蝶形光从上向下打光，可以把女性的下颌骨缩小。

65mm F8 1/100s ISO100 蝶形光的效果会在人物的鼻子下方产生一个蝴蝶形状的阴影

5.13.2 单灯单板拍摄人物眼睛

单灯单板拍摄人物照片，可以把人物的眼睛拍摄得非常透亮、通透。其布光的方法是：将用一盏闪光灯放置在人物的前侧上方，反光板放置在人物的前面下方，调整反光板的方位，直到人物的眼睛上出现明亮的光斑。灯光直接照射到人物的眼睛上，人物的眼睛是暗淡的，如果使用一个反光板在下方给人物补光，反光板的光亮会映射到人物的眼睛里，这时人物的眼睛就变成非常透亮。

50mm F8 1/125s ISO200 利用反光板的反光让人物的眼睛更加透亮

5.13.3 营造伦布朗光线

伦布朗光线一般是指和相机光轴成45°左右的照明光线，是摄影中常用的主光形式。这种照明形式能使被摄对象产生明多暗少的明暗变化，和顺光相比，能较好地表现被摄对象的立体感和质感，能比较好地表现出画面的层次。

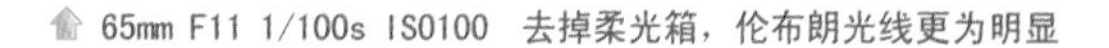
65mm F11 1/100s ISO100 去掉柔光箱，伦布朗光线更为明显

5.13.4 营造夹光效果

夹光的效果是使用两盏灯光放置在人物的两侧，灯光的位置稍微放置在人物的后侧方，方向和人物视线的位置成40°～60°的角，再调整两盏灯光的光比为1：1，这样就会出现夹光的效果。均衡的夹光配合对称的构图给人以平衡的美感，用夹光的方法拍摄人物时，在画面中心位置的被摄者脸部中间会有一道独特的暗部线条，呈现出神秘、含蓄的效果。夹光的效果可以根据左右光线的位置、光线强度、高度等位置任意变化，任何一种打光方法都不是绝对的。

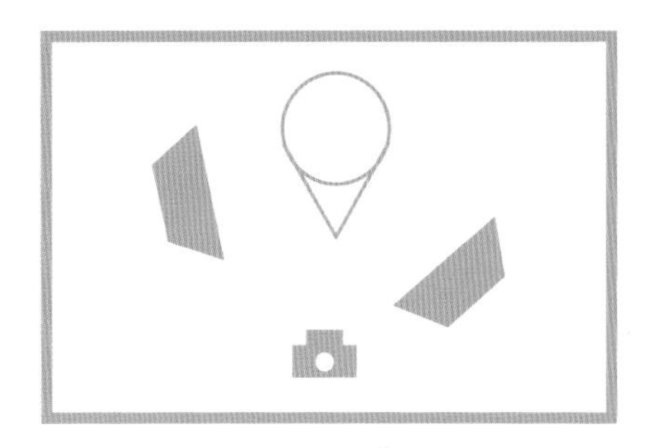

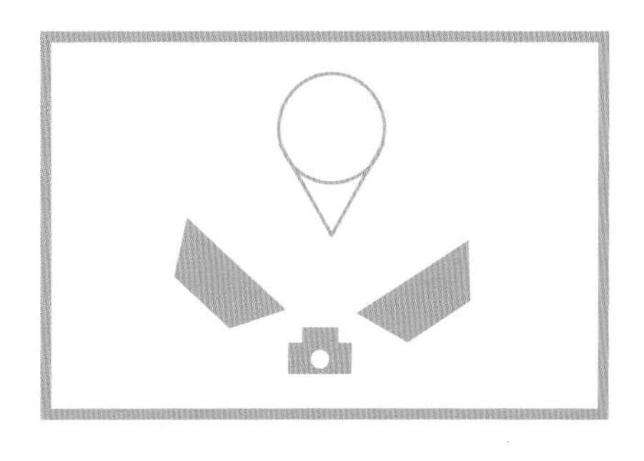

65mm F8 1/100s ISO100
夹光在人物的鼻子嘴唇中间的位置形成一条明显的分界线

5.13.5 两盏柔光箱打平光

将两盏柔光箱的闪光灯放置在模特的左右成45°角，其光比也要大致是相等的，可以有细微的偏差，不至于人物脸上的平光效果过于平均没有层次。这种布光方法充分利用了软光的特点，反差小，特别适合拍摄女性模特，表现女性柔美的皮肤。这种打光的效果在早期的影楼中经常用到。这种布光方法使模特面部没有阴影，比一盏灯光打的平光层次感更丰富。

65mm F5.6 1/125s ISO200
在打平光的时候，两种灯的光强设置得大致相等即可

第6章 人像拍摄技巧

人像照片在生活中是最为普遍的，本章就来介绍人像拍摄中的各种拍摄技巧。经常会看到摄影师们拍摄的人像照片都是那么漂亮，读完这章你会对人像拍摄有一些新的认识。

6.1 人物摄影的器材选择

相机只是摄影的工具，没它不行，有它但不知道怎样选择才算合理。其实，这样的问题和买东西差不多，根据自己的需求来选择，那些性能好的相机当然拍摄的质量也会非常好，但是价格也是非常昂贵的，不是一般家庭所能接受的。

对人像拍摄来说，镜头显得更重要一些，普通的单反相机机身就可以达到要求，广角镜头、中焦镜头、长焦镜头没有说哪个不适合拍人像，其实各有各的用处。广角镜头适合近距离人物拍摄，其透视感的效果也是表达人物的一种方法；中焦镜头（标准镜头），它的镜头视线比较接近人眼所观察到的景物范围，拍摄的效果也容易让大众接受；长焦镜头算是目前摄影爱好者用得最多的镜头，为了想得到某种艺术美感，可以利用长焦镜头虚化背景突出人物。

6.2 人像镜头的选择

135mm F3.5 1/500s ISO100
室外常用长焦镜头拍摄人像照片，背景会被完美地虚化，更好地表现人物

拍摄人像一般选择比标准镜头焦距稍长的镜头，大概范围在70mm～135mm之间。这样的焦距不会使摄影师离模特太近，避免模特产生压迫感，影响模特自然的表现。也不会使两者距离太远使摄影师无法捕捉模特的细腻的面部细节特征。而且较长焦距的镜头所产生的景深较小，使人物的前景和背景产生虚化的效果，可以更好地突出主体。而新生代摄影师对使用广角镜头拍摄人像很感兴趣。虽然广角镜头在使用上有一定的难度，但如果使用得当，结合自己个性化的拍摄风格可以创作出与众不同、具有视觉感染力的人像照片。

6.3 焦点的选择

人像摄影的对焦，若不是人物某个部位的特写或者其他特殊的需要，一般都是对眼睛进行对焦，这是拍摄人像的一般规律，即便因为构图原因焦点不在眼睛上，也要保证眼睛是清晰的。因为人像摄影就是要通过人物的面部表情和肢体动作来表现人物的内心，而眼睛是心灵的窗口，最能体现人物的内心世界。一张人像照片，如果眼睛不清晰，就像没有灵魂一样，画面会显得苍白、空洞。当需要的构图，焦点不在眼睛上时，可以先对眼睛进行对焦，然后按住曝光锁定键，重新构图就可以达到需要的构图，也不至于拍出的人物模糊。

100mm F2 1/450s ISO100
无论什么时候，拍摄最好对眼睛进行对焦

6.4 与人物的沟通

拍摄人物和其他摄影题材不同，人是有思想、有情感的。一些拍摄的意图需要通过沟通才能得到实现，所以在任何一次拍摄前，拍摄者最好与被摄人物进行沟通和交流，从而创造一个轻松舒适的拍摄氛围。

摄影师对拍摄者要充分信任。被摄者在拍照的时候都会担心拍出来的效果不佳，如果效果好就会增加被摄者的信心，做起动作也会更自然。拍摄的时候多鼓励被摄者，加强他（她）们的自我表现能力。

50mm F1.4 1/350s ISO100
和模特聊天可以让他（她）们的心情放松

6.5 捕捉人物的瞬间表情

人像摄影的关键是表现人物的表情。表情直接反映着人物的内心，而人物的内心在时刻变化，摄影师需要善于捕捉人物的理想表情瞬间。最能体现内心的部位就是人的眼睛，表情的捕捉主要就是眼神的捕捉。这就要求摄影师具有很强的观察力，时刻观察人物肢体动作的变化、人物表情的变化、眼神的变化。要想抓住人物的瞬间表情，对人物的心理也要有一定的了解。这就要求摄影师和模特进行及时沟通，以增进了解，把摄影师的意图和想要表达的主题传达给模特，使模特有充足的时间酝酿，在这个过程中摄影师要时刻准备并不断抓拍。

135mm F2 1/400s ISO100
抓住了人物凝望地面的一瞬间

6.6 拍摄人物服装的选择

在拍摄人像照片时，被摄人物的服装对画面效果起着一定的作用，五彩缤纷的彩色服装会转移观众对被摄者的关注。

被摄人物的服装看起来要简洁，鲜艳的色彩能给人增添生气，但花哨的着装会使人们把注意力从被摄人物脸部转移到其他位置。被摄人物的服装还要与其性格匹配，在选择衣服时，让被摄者自己选择，只有自己知道哪种颜色的服装最适合自己。同时尽量使用大光圈拍摄。光圈是相机控制通光量进入相机的光孔，光圈的大小影响着相机成像的效果。大光圈小景深，小光圈大景深。小光圈景深比较大，拍摄效果多多少少会有纵深感，同时，空间感也增加了。

在拍摄人像的过程中，光圈一般开到最大，可以虚化背景，突出主体。大光圈还可以使肌肤显得柔滑，当光圈慢慢开大时，光圈调整到F5.6之后再继续开大，由于光圈叶片的原因，照片会有些曝光过度，这种曝光过度在一定程度上会使人物皮肤柔滑。在使用大光圈拍摄时，即使不用长焦镜头也可以得到虚化背景的效果，需要拍摄者离被摄者很近，效果会很明显。

拍摄的时候穿着的衣服简洁鲜明就能很好地表现人物，而不是让衣服抢了人物的风头，衣服对于人物来说更多的是陪衬。

50mm F5.6 1/400s ISO100

135mm F2.8 1/200s ISO100

180mm F4 1/100s ISO100

6.7 注意画面的构图

一张好的照片，无论从构图、色调，还是影调上都是比较成熟的。在拍摄人物的照片中，构图是极为重要的，它集中体现了摄影师的创造力和个性。如果想拍好人像，在各个方面都要下功夫，经常观看别人的好照片，是最快的学习方法。看了好照片，要思考别人是怎么拍的。各种参数信息、环境的选择、模特的姿势、光线的角度都要仔细琢磨。

多看些杂志，从照片中学习色彩、影调、光线、构图的组合方式，并根据自己的拍摄目的，有侧重地进行实践和练习。

35mm F2 1/500s ISO100
延伸式的构图把人的视点引导到人物身上

6.8 防止人物眨眼睛

大多数摄影者都有过这样的经历：在拍摄一幅人像照片时，尽管人物的姿势不错，按下快门拍摄完之后会存在闭眼睛的情况，这样拍摄的照片很是破坏心情。对于这样的情况我们应该怎么来避免呢？

一般的解决方法是在按动快门之前，提醒被摄者注意，然后迅速按下快门。在按快门的时候常会先喊三个数字，让被摄者有时间先眨一下眼睛，再拍摄。还可以用另一种方法：在按快门的一瞬间，先叩击相机，三角架或别的什么东西，故意让被摄者先眨眼，然后迅速按下快门。

105mm F3.5 1/250s ISO100
叫一下模特，在她看你的瞬间拍摄

6.9 加几道具

道具是指拍摄过程中，为了美化和丰富画面，用来烘托气氛的一些物品，道具可以是生活用品，如桌子、椅子、雨伞、墨镜等。任何一个物品都可以成为道具，只要使用合理，画面就会非常美观。

选择道具时需要注意如下几点。

（1）道具在画面中是陪体，它的作用是突出主题。

（2）道具的选择一定要符合主题风格，能烘托主题。

（3）道具在色彩上要与整个画面协调。

（4）道具的形状外观要美观，体积要适中。

135mm F2 1/450s ISO100
使用色彩鲜艳的雨伞作为道具，使人物更加清纯，色调更精彩

6.10 前景与背景

背景伴随着人物出现在画面中，它的颜色、虚实、繁简，都直接会影响到人物在整个画面中的效果。除非是被摄人物不需要背景的参与，只要有背景的参与，画面效果多少都会有一些变化。

背景可以是一片空白，也可也是人、景、物等各种物体。背景的首要职能就是帮助表现画面主体，所以选择的背景要尽量简洁。如果拍摄有某种主题性的东西，选择的背景就要是有利于表达主题思想的景物。

照片中的前景和背景都是为了突出主体而存在的，同时增强画面的表现力。前景的设置不是必须的，可以根据拍摄环境进行取舍，合适的前景可以平衡画面的构图。由于大部分镜头的透视作用，画面会呈现“近大远小”的视觉效果。前景的比例和色彩可能会盖过主体，这时需要做虚化处理以免分散注意力。

85mm F3.5 1/350s ISO100
利用前景可以很好地表现出空间感

对于人像摄影而言，背景必不可少，所以在选取背景时尽量简洁，形状和线条过繁杂的背景会使画面显得混乱。背景的色彩上，要与人物的服装相对应，两者最好是和谐色。人像摄影中，背景常常是虚化的，尤其是拍摄女性时，不仅可以突出主体，也可以使画面变得更柔和，有利于体现女性的柔美。

24mm F11 1/200s ISO200
利用拍摄环境与背景表现人物的魅力

85mm F2 1/500s ISO200
虚化的背景表现出空间感，能很好地突出人物

6.11 拍摄留念照

外出旅游，拍照是必不可少的。虽然旅游纪念照就是游玩时某个瞬间的记录，不像写真照片那样受到技术及主题的限制，可以随心所欲地拍摄。但是拍摄者对构图、用光、色彩搭配的知识也要有一定的了解，有助于拍摄到更加精彩的瞬间，留下美好的回忆。拍摄以旅游地风景为背景的纪念照时，要注意人物与风景的搭配与协调，采用合适的拍摄角度，不要让人物遮挡住美丽的风景。

好的作品不仅能表现出旅游地本身的特点和氛围，还可以表达出旅游者休闲、舒适的心情。配合有创意的构图还可以赋予纪念照浓厚的艺术气息。

24mm F5.6 1/250s ISO100

50mm F8 1/800s ISO100

6. 12 拍摄黑白人像

黑白摄影和彩色摄影，除了在色彩上的区别外，其思想性还是有很大差别的。尤其在人像摄影中，黑白人像照片总有一种触及灵魂的深度。彩色人像照片色彩鲜艳、漂亮，所以人们往往关注的是人物的衣服颜色是否偏色，皮肤是否拍得光洁白皙，身材是否拍得匀称这些表面的东西，拍摄者所要表达的思想和内涵经常被忽略。而黑白人像则恰好相反，正因为去掉了表面的东西，才会让人更加关注它的内涵。吸引人的不再是绚丽的色彩，而是人物的情感和画面的氛围。这也正是许多资深摄影师依然钟情黑白人像摄影的原因。

50mm F2 1/60s ISO250

55mm F3.5 1/200s ISO100

45mm F4 1/350s ISO100

35mm F8 1/100s ISO200

135mm F2 1/350s ISO100

6.13 摄影师的远近走位

“如果你照片拍得不够好，说明你离得不够近。”著明摄影师卡帕的这句话在摄影界广泛流传。

科学技术带动了单反相机镜头的发展，如今越来越多的长焦镜头不断地诞生，它改变了拍照时来回走动的问题，通过镜头焦距的长短来改变取景的范围。可以不动半步，通过使用不同焦距的镜头来拍摄不同景别的照片。即便如此，为了摄影的需要，摄影师还是有必要运用远近走位来拍摄人像照片。不同的焦距段，拍摄的人物照片有着很大的区别，广角镜头拍摄的人物全景会使人物有所变形，如果离近人物拍摄，照片的变形会更夸张；而用长焦镜头拍摄人物，远离被摄者也可以拍摄到人物的全景照片，这样的照片就不会出现畸变的现象。

50mm F2 1/250s ISO100 离人物稍远些拍摄人物的效果

50mm F2 1/250s ISO100 离人物近些拍摄人物的效果

6.14 眼神光的使用

人像照片的重中之重便是眼睛。当顺光拍摄时，或者在人物的面前有比较亮的景物时，会在人的眼睛上形成光斑，这种光斑叫做眼神光。眼神光可以增加眼睛的光彩，增强眼神的表现力，使人物的表情更加生动、传神，从而增加照片的感染力。在拍摄人像时，要注重使用眼神光。当光源是散射光或者光线比较暗时，就很难在人的眼睛上形成光斑，这样人的眼睛就会暗淡无光，神情也显得呆滞，不利于人物性格的刻画和情感的表现。这时，可以使用反光板或其他补光设备对人物进行补光，来达到出现眼神光的效果。

85mm F2 1/400s ISO100
眼睛里的光亮越传神，照片越有震撼力

105mm F3.5 1/350s ISO100 这张照片让人记住的就是模特的眼神，特别有力度

6.15 利用光圈和快门拍摄

6.15.1 大光圈拍人像

通常，在拍摄人物的近景照时，光圈一般开到最大，这样可以虚化背景，突出主体。大光圈还可以使被摄者的肌肤显得柔滑，当光圈慢慢开大时（光圈调整到 F2.8 以上），由于光圈叶片的原因，照片会有些曝光过度，这种曝光过度在一定程度上会使人物皮肤显得柔滑。在使用大光圈拍摄时，即使不用长焦镜头也可以得到虚化背景的效果。

135mm F2 1/400s ISO200
长焦镜头配上大光圈拍摄，背景虚化的程度可以得到很好的控制

6.15.2 慢速闪光拍人像

慢速闪光就是以低速对背景进行曝光。人物站在背景前面静止不动，最好使用三脚架，打开闪光灯对人物进行闪光拍摄。说复杂一点，还需要把相机设置后帘闪光模式，就是在快门即将关闭的一瞬间闪光，由于人物脸上的光线很弱，不足以正常曝光。采用慢速闪光模式拍摄，在闪光的一瞬间相机记录下人物的肖像，这样就可以把人物拍清楚，也可以把背景拍得亮丽。

在夜景中进行人像拍摄时，经常拍摄的人物背景都是一片漆黑，其实现场是有很好的光线效果的，原因是选择了对人物进行曝光。这个时候如果想把后面的背景拍亮，即使高感光度也不能够完成正常曝光，唯一的办法就是放慢快门速度来拍摄。

35mm F8 3s ISO100
在光线不足的情况下拍摄，三角架能更好地保证画面的清晰度

6.15.3 高速摄影

以 1/1000s 以上的快门速度拍摄运动物体，照片就如同将物体凝固一样。曾经有摄影师利用高速快门拍下蛋黄滴落的一瞬间。生活中，谁都见过蛋黄，但却从未见过它在滴落瞬间的样子。由于使用了高速快门，把蛋黄滴落这一人们不以为然的现象再现出来，使人感到新鲜无比。一些运动的物体，如果采用高速摄影，会产生与使用慢速度摄影截然不同的效果。

采用高速摄影法拍摄，对照相机的快门速度有一定的要求，一般普级型照相机快门速度较慢，可能无法进行高速摄影。

180mm F4 1/800s ISO200 使用快门优先模式，在人物飞起的瞬间按下快门

200mm F4 1/640s ISO200 飞速运动的人物不容易聚焦，这时可以选择手动对焦模式拍摄

6.16 人像姿势的摆布

6.16.1 站姿人物

在女性写真中，姿势是非常重要的。其中站姿是最常见的人像拍摄姿势，即使最简单的站姿也很有讲究，站得不好，形象会大打折扣，显得呆呆傻傻，毫无生气和美感。如果在站立的姿势中超微加一点变化，就可以使画面活泼生动起来，比如手放耳后，倾斜一下头部等。身体略微向前倾斜，可以将女性优美的胸部和肩部线条显露出来，同时可以给观赏者一种亲近感。

100mm F2.8 1/100s ISO100

135mm F4 1/190s ISO200

50mm F5.6 1/100s ISO200

35mm F3.2 1/200s ISO100

100mm F2.8 1/90s ISO400

6.16.2 突出曲线，避免直立

曲线美是女性独特的身体特征，也是女性写真着重展现的内容。模特在摆造型时，需要考虑怎样才能展示身体的曲线。比如拍摄躺姿和站姿照片时，主要表现的是模特修长的腿和纤细的腰，可以将不承受重心的脚稍微向后伸展，也可以让脚尖轻轻点地，一只手放在腰间，这种姿势特别能够展现腰部的曲线。也可以借助外物，比如墙壁、树木等的支撑摆出 S 型的曲线。

50mm F4 1/350s ISO200 拍摄模特侧面，是表现女性优美线条的一种最佳拍摄方式

50mm F8 1/200s ISO100

6.16.3 坐姿人物

想通过照片体现女性优雅的气质时，坐姿是发挥空间比较大的一种。在拍摄坐姿时,被摄者腿部可以交叉叠放，也可以双腿并拢。无论哪种姿势，都不能让双腿直面镜头，而是呈斜向 45°倾斜，以腿部的前侧面向镜头，这样可以显得小腿修长漂亮。如果腿部不取进镜头，手部的姿势和面部表情就是重点了，面前如果有桌子的话，双手水平、垂直错落放置或者双手托腮都是不错的姿势。

100mm F3.5 1/450s ISO100 坐姿人像拍摄是一种最为普遍的方式

6.16.4 坐时要浅坐

女性坐姿拍摄的注意事项是要浅坐，切忌整个重心压上去，像是没有骨架支撑一样瘫在上面。以椅子为例，坐在椅子的前端要比坐在中间显得优雅，而且与椅子保持一定的距离可以避免腿部变形显胖。而椅子的摆放不要正面镜头，而是有一定的角度。模特坐下来时，重心稍微前移，重心放在大腿上，上身稍微前倾，挺胸抬头，脊背挺直。双臂可以随意交叉，也可以搭在椅子上。

135mm F2 1/500s ISO100

135mm F2 1/500s ISO100

6.16.5 躺卧姿势避免于随意

采用拍摄躺卧姿势女性可以表现两个方面的意图，一个是生活中的随意性，另一个是充满诱惑的性感。前者的话，人物可以穿着随意，躺卧的姿势表现出动感和错落，表情可以多变，不要给人睡着了的感觉。如果是后者就需要模特具有较好的身材条件和型体表现力了。就姿势来说，侧躺的姿势更能体现女性身体的曲线以及修长的腿部，侧躺姿势拍摄时，模特可以一手支起头部，以迷离的眼神面对镜头。

但躺姿也很容易给人萎靡不振、昏昏欲睡的感觉。因此拍摄躺姿时，人物的姿势不能太过随意，而是表现舒适感的同时，通过肢体语言表达出更丰富和更深层次的东西。

如果拍摄的是近景照，主要表现的是人物的手部动作和面部表情。这时以侧躺姿势为宜，露出一侧肩膀，头部可以稍微向上翘起枕在一支手臂上，切忌轻微的接触，千万不能把头部整个重心放在手臂上面，这样会造成脸部变形。

正躺的姿势时，虽从侧面拍摄而不是上面，可以让模特侧过脸来面向镜头，手部姿势可以多些变化，比如轻抚头顶，形成三角形框起头部，起到集中视线的作用。

50mm F2 1/100s ISO250
室内拍摄人物时，为了使画面更加清晰，可以适当提高感光度

85mm F2 1/500s ISO100
躺姿的时候要避免露点的现象，不然会比较尴尬

6.16.6 趴姿更娇媚

娇媚是女性所特有的，也是女性魅力展现方式之一。在拍摄时，趴姿是最能体现女性娇媚的一种姿态。趴下的时候，人物腰部的凸凹的线条可以展现出来，小腿部分可以交叉抬起，展现出调皮灵动的一面。头部要和双手配合，可以一只手臂支起上身，双肩倾斜，也可以双手叠放于前面，头部放在上面。侧面面向镜头。这些姿势都是展现美女娇媚可爱的绝佳姿势。

135mm F2 1/400s ISO100
采用趴姿拍摄的时候，模特的手最好不要完全托住下巴

50mm F2 1/100s ISO250
模特的脚自然抬起，让画面更完整

135mm F2 1/500s ISO100
选择明亮的环境作为背景，会使画面的色调更加漂亮

6.16.7 手部姿态的控制

模特的手部姿态可以进一步强化人物的神态、表情，如果手部放置在不得当的位置，反而会破坏画面的效果。拍摄中的模特，手部和胳膊的舒展动作是很常见的，画面中手部姿势和人物身体相互协调，使模特充满活力。如果模特的手实在找不到合适的支点，还可以让人物手持道具，模特就会给人舒展、自然的感觉。

85mm F2 1/350s ISO100
拍摄的时候手部多做一些动作，配合人物的动作效果会好一些

6.16.8 蹲姿的变换

蹲姿的拍摄一般很少在人像摄影中出现，因为这种姿势特别适合特别可爱、身材不是很高的模特，从高到低的角度进行拍摄表现出清纯可爱的效果。拍摄蹲姿人像时，模特手部的姿态也要变换，或是放在身上、或是支撑地面、或是与周围的环境互动，模特的姿态会呈现不同的变化，拍摄出来的照片也会收到意想不到的效果。

85mm F2 1/350s ISO100

85mm F2 1/350s ISO100

85mm F2 1/350s ISO100

100mm F2.8 1/90s ISO400

6.17 拍摄各年龄阶段儿童注意事项

6.17.1 儿童拍摄

拍摄儿童 3 注意：

1. 要有足够的爱心和耐心

爱心和耐心是拍好儿童照片的基础，他们天真、活泼、想哭就哭、想闹就闹，如果没有耐心，很难把儿童拍好。孩子的感觉是很敏锐的，摄影师一定要真心地喜欢小孩，愿意和他们玩耍，这样才能更好地去接近他们，在他们还没注意到你的时候，一张精彩照片就诞生了。

2. 不要强迫孩子

你要尽量把孩子们带到非常合适的环境中进行拍摄。一般应选择一个孩子熟悉的地点，例如儿童娱乐场或者是花园。在孩子尽情玩耍时，尽可能多拍，不要去强迫他们去做你想的事情。

3. 变化构图多取景抓拍

孩子是天真的，拍摄一张自然、笑脸的他们也是很不容易的。他们的天性是好动的，他们的表情、神态动作都是很丰富的，但是你只有很短的时间去寻找合适的取景位置。所以在拍摄儿童时，取景器里多给孩子留些活动的空间，尽量抓拍。

6.17.2 拍摄半岁前儿童

满月后的宝宝相对出生的时候变化很大，而且变得好看多了。如果你作为父亲，可能这时候是比较辛苦的，孩子母亲的身体还尚未恢复，半夜要起来冲牛奶、换尿片会让你忙得不亦乐乎，这个时候别忘了拿起相机给小宝宝拍摄几张照片，注意抓住他们千变万化的表情和动作。

这时的宝宝还不会走路，基本上都是在室内的床上或是沙发上拍摄他们，由于室内的光线很微弱，一定要将相机的光圈开到最大，来保证更多的光线进入，有时候还需要调高感光度。

如果孩子睡了半天也没醒来，还可以多拍摄几张熟睡的照片，也特别漂亮。

65mm F8 1/125s ISO100

可以在小孩子注意观察你的时候给他拍一张

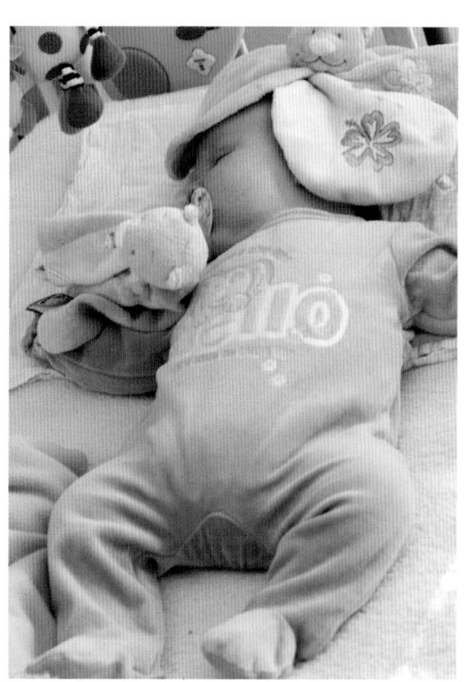

50mm F2 1/100s ISO250

宝宝睡着的时候拍摄的照片，能从另一方面表现出他们的可爱

135mm F2.8 1/240s ISO100

135mm F2.2 1/160s ISO200

6.17.3 拍摄一岁儿童

一岁的儿童在室外活动的频率就比较高了，在带他们出去游玩的时候，可以多给孩子拍摄一些照片。天气好的时候出去晒晒太阳，可以增加孩子的抵抗力、促进他们的身体吸收维他命D。此时拍摄的时候，需要注意的是不要让孩子的脸部对准太阳，宜选择侧光、逆光的位置进行拍摄。这个时候他们开始摇摇晃晃地尝试走路了，这一阶段的孩子更加活泼，表情也就自然丰富起来。

50mm F2 1/500s ISO100

一岁的宝宝比较调皮，可以多拍一些他们怪异的表情

50mm F2 1/100s ISO250

在他们玩的正开心的时候，你可以叫一下他的名字，并在瞬间拍摄

6.17.4 拍摄三岁儿童

孩子从1岁到3岁的时候，是他们最有趣，也是最可爱的时候。他们一天天成长，慢慢地懂得些人情世故了，有了自己喜欢的玩具、衣服、小发卡等物品，可以让他们与玩具、动物合影。当他们自娱自乐地玩耍时，摄影师就可以围绕在他们旁边，尽量的抓取精彩瞬间。

100mm F3.5 1/350s ISO100

50mm F3.5 1/500s ISO200

6.17.5 拍摄七岁儿童

孩子在3岁以后，心理上也发生了一些变化，除了在家庭中以外，更多的时候会在幼儿园里。这段时间，摄影师可以在幼儿园的孩子活动的时候进行拍摄，甚至与小朋友拍摄合影。这个时期孩子逐渐失去了幼年时的天真，会变得越来越酷、越来越爱漂亮。此时，可以适当地进行摆拍，让他们摆出他们认为最有“范儿”的姿势。

135mm F2 1/250s ISO100
可以让他们抱着自己喜欢的毛绒玩具一起拍照

6.17.6 拍摄少年

少年时代指的是 10 岁到 16 岁这一时期的孩子，他们在学校里接受文化知识的学习，不再是老师、父母身边的小毛孩，各方面都慢慢地成熟起来。思想变得有些独立、依赖、冲动、自觉，一般情况下和他们不太容易交流，摄影师如果找到他们喜欢的话题就更容易拍摄了。

85mm F2 1/350s ISO100

鲜红的红领巾是拍摄少年时代的一个标志性物品

6.17.7 拍摄青年

青年是人生中最灿烂的时候，在这个时候留下一些精彩的照片是再好不过的了，拿起相机，按照这本书给大家介绍的人像拍摄知识好好琢磨琢磨吧。

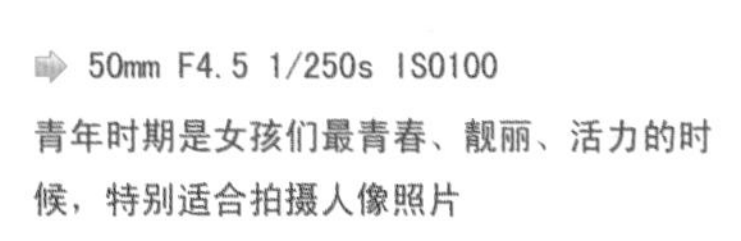

50mm F4.5 1/250s ISO100

青年时期是女孩们最青春、靓丽、活力的时候，特别适合拍摄人像照片

135mm F2.8 1/800s ISO400

6.17.8 拍摄中年人

中年这一时期是人生中比较成熟稳健的时期。此时，人们都已成长为独挡一面的人物，男人越来越老成，越来越有味道；女人可能失去了青春靓丽，但会散发着另一种魅力。这一段时期中年人是很少拍摄照片的，如果选择拍摄家庭照的方式拍摄他们，他们还是非常乐意的。一个幸福美满的家庭，离不开一幅全家福照片。

85mm F4 1/800s ISO100

海边的光线大多都比较硬，照射人物会留下很重的阴影，需要用反光板补光

50mm F4 1/250s ISO200

拍摄中年男性时要表现他们的稳重

6.17.9 拍摄老年人

衰老是人的必然趋势，年老之后皮肤变得干瘪枯燥，皱纹增多，弹性减少，有时还有驼背的现象，想要拍摄好老年人确实是件难事。

拍摄前，一定要根据老人不同的外貌体型，选择不同的拍摄姿势和角度。例如，要拍驼背老人的照片，可让他摆一个正面端坐，专心读书看报的姿势，采用近景特写镜头，这样拍出的照片，可避免耸肩躬背的不好的形象。

拍摄老人的肖像，一般应采用半逆光和正面光。在用半逆光时，脸部的大部分都处于深暗的阴影中，能有效地隐去脸部的皱纹和松弛的皮肤纹路，看上去就显得光洁，而鲜明的反差对比，更能突出脸部的立体感，使人物形象变得生动、有力。

100mm F3.5 1/400s ISO100

老年人人像照片的拍摄，一般选择正面或是3/4侧面进行拍摄

6.18 拍摄群体人像

人像群体照片的拍摄和单个人像的拍摄有一定的区别，因为画面中的人数较多，视觉中心就被分散了，而且人物的表情和动作都在不断变化，摄影师要控制画面中所有人的表情和动作，的确不是一件容易的事。

6.18.1 表现人物的主次关系

拍摄人物群体照，要想着重突出某一个人或是两个人时，摄影师可以安排被摄者的前后站位，让要表现的人在前方并进行对焦，后面的人就会自然虚化。通过人物占据画面的比例来进行拍摄；人物的造型和姿态与其他被摄要有区别；用长焦镜头虚化次要的人物等方法来突出主要人物的地位。

50mm F4 1/400s ISO100

通过一个人物正面，一个人物背面来构成画面，表现她们的主次关系

6.18.2 寻找布局的突破

在拍摄人像群体时，要想使布局有所突破，要打破常规的那种排列人物的方法。例如：拍摄的时候可以让人物有聚有散地站立，摄影师通过构图让人物协调地出现在画面中，画面中虽然没有特别突出的人物，但还是有很强的形式感。

45mm F4 1/500s ISO100

群体人像并非要一字排开，一些人物可以适当变换位置，起到丰富画面的效果

135mm F5.6 1/500s ISO100

6.19 拍摄婚礼照片

6.19.1 拍摄流程

洽谈
与客户进行前期交流，提供给顾客可选择的套餐，根据顾客的需要选择适合的场地和服装等。

↓

拍摄
一般分为室内拍摄和室外拍摄两种，现在大多数情况下两个地点都会拍摄一些，室内拍摄就指的是在影棚内拍摄，室外拍摄一般会到公园、街道、废弃的工厂、山谷等地方拍摄，需要给客户准备车辆、化妆师。

→

选片
为客户提供拍摄的照片，让顾客选片，然后由数码后期对图片进行调整。

↑

后期制作装裱
完成后期处理打印出片，对图片进行装裱、制作画册。

6.19.2 婚礼拍摄的流程

摄影师要拍摄婚礼，就需要了解婚礼的流程和婚礼的风俗习惯，这样才能在拍摄时不漏掉每一个婚礼仪式的珍贵镜头。一般的婚礼流程如下：

流程	拍摄内容
新郎去新娘家迎亲	提前到新娘家，拍摄迎亲的画面
迎亲车队行驶	拍摄新郎背着新娘上车的镜头，还可以给车队拍几张照片
婚礼现场	婚礼现场主要与新郎和新娘为拍摄重点，辅以拍摄现场的氛围
婚礼仪式	抓拍新郎、新娘入场的镜头，通过变化位置拍摄出效果不同的照片
喝交杯酒、讲话	注意抓拍
父母证婚人发言	拍摄双方父母的表情、姿态
向父母敬茶	抓拍敬茶的瞬间
向亲友敬酒	抓拍敬酒的瞬间
仪式结束	仪式结束后要为新人的亲朋好友拍摄合影

新人一起敲响教堂里的钟

新郎搀着新娘的手下楼梯

掀起新娘的头纱的瞬间

6.19.3 拍摄婚礼仪式

拍摄宴会、婚礼等重大场合的照片时，我们需要作好充足的准备。充满电的电池、足够空间的储存卡、相机工作正常等需要准备和确认的工作，都是我们必须提前做好的。

在拍摄单人特写时，将光圈开到最大位置。当拍摄一群人时，尽量使用稍小些的光圈，可以有更大景深，保证人物都是清晰的。在进行室内拍摄时，如果未使用闪光灯，那么手持相机时不要将快门速度设置得太低。

85mm F3.5 1/550s ISO100

85mm F3.5 1/450s ISO100 室外婚礼现场

6.19.4 连拍模式保证照片的成功率

婚礼中有很多精彩时刻，如果错过了就没有机会再拍到了，作为一个摄影师，要尽量地把很多激动人心的时刻都记录下来，而且拍摄一张照片也很难一次拍摄好，这时可以使用连拍模式拍摄，提高拍摄的成功率。

75mm F3.5 1/100s ISO400
通过使用连拍的模式拍摄，可以拍摄到很多没有预想到的场景

第7章 风格拍摄技巧

大自然中美丽的景物固然众多，但如果你不能很好地利用摄影技术把它表现出来，那就不能让更多的人觉得你说的地方有多么美丽。其实拍摄风景照片并不像其他的摄影类照片那么麻烦，自然光线下的景物在某一特定的时刻光线、天气等因素都是没办法改变的，但是可以通过细微的技巧变化，让自然风景变得更加美丽。

7.1 拍摄日出日落

7.1.1 怎样拍出暖色调的落日

日落时分色温较低，再加上晚霞橘红色的光芒，拍摄出的照片本身比较偏向暖色调。而如果想要着重表达落日温暖柔和的光芒所衬托出的温馨的气氛，则需要加强暖色调的强度，而根据相机的自动设置拍摄出的照片的色调可能无法达到要求。这里有一个很实用的技巧可供大家根据自己相机的品牌和型号进行设置。以尼康为例，在相机白平衡模式里选择“日光”模式，按下右边箭头的按钮，屏幕就会进入微调状态，调整到“-3”后点击完成。这样的白平衡设置拍出的日落的角调将会显得更加温暖，完成拍摄后记得关闭白平衡设置。

24mm F11 1/400s ISO100
暖黄色的色调更能体现出傍晚的感觉

7.1.2 你有多少时间拍摄日落

太阳东升西落最好的黄金时刻是太阳没于地平线前后 20 分钟左右的时间。这个时间段，人眼观察太阳不会有明显的刺眼感，这个时候是最理想的拍摄时刻。如果太阳完全跳出来，阳光过强就会形成光晕，影响拍摄的效果。为了抓住这一会儿的时间，很多摄影爱好者们不怕辛苦，早早地来到拍摄地点，做好拍摄前的工作，等待它的出现。这一时刻是短暂的，所以要多拍摄，而且要选择不同的曝光量进行拍摄，变换太阳在画面中的位置，尝试不同的构图。

45mm F11 1/125s ISO100
逆光下测光，切记相机不要对准太阳

7.1.3 正确选择测光点拍夕阳

夕阳只有大约 10 分钟（甚至更短）的时间供你拍摄，所以一定要提前做好拍摄准备。摄影师一般会把太阳直接拍进画面，这时由于太阳的强光会影响相机测光，拍摄出来的照片多数都会曝光不足。拍摄夕阳和朝霞时，应当在太阳边缘或发亮的云彩周围进行测光，然后按相机的曝光锁定按钮后再来取景拍摄。这种测光方法可获得较丰富的层次和较好的色彩饱和度。

35mm F8 1/500s ISO100
选择天空为测光点进行曝光

35mm F4 1/100 ISO400

7.2 拍摄湖泊的技巧

7.2.1 怎样拍摄湖泊

大自然不仅有着多种多样的天气变化，同时也在地球表面生成了千姿百态的地形地貌。当投身到大自然中进行户外拍摄时，经常会遇到一些自然造化而成的大场面，比如湖泊。这些自然景观特色鲜明，给摄影带来无限的乐趣和灵感。但是，拍摄湖泊时该如何进行光线的选择和画面的表现呢?

众所周知，湖泊尽管其外部形态各具特色，但都是由水构成的。大景别画面的水具有如下特色：

（1）水面具有较高的反射率，在一般情况下水面比较明亮，当阳光照射与摄像机镜头形成一定夹角时，在画面中会形成强光反射。

（2）水无定型且变化无穷，除江边、河边、海边等水与陆地相界部分受地形线条决定形成明显线条外，其水面线条（水纹、水线等）与静态景物相比不稳定。

（3）在同一水域，在顺、侧、逆三种不同光线照射下，其水面颜色不一样。例如：在顺光或者顺侧光照射下，绿色水面的色彩浓艳；在侧光照射下，绿水的饱和度会降低，波浪的起伏线条及明暗反差较大；在散射光照射下，水面均匀受光，绿色的色彩比较淡雅、柔丽，没有明显的反光。

总之，顺光不利于表现水的质感及固有色。当水质比较清澈、水底较浅时，顺光下容易看清水底景物；侧光有利于表现水的形态、波浪线条等；逆光下水面闪烁不定的高光点使画面中水的形象活跃、富有诗意。

35mm F8 1/450s ISO100
拍摄湖泊时在画面中加上前景避免画面空洞

7.2.2 如何去表现湖泊

宁静的湖面像是一面镜子，可以倒映出水景周围的景色。林间的湖泊环境往往光线比较暗，但是气氛非常宁静，这样的景色是非常不错的拍摄对象。

拍摄湖泊时还要注意避免画面空旷的弊病，选择好的前景可以使画面生动起来。拍摄景物如果正面受光，也可以在平静的水面上看到倒影，但是没有逆光光线产生的倒影明显。倒映在水面上的陆地大多呈现黑色，这时就要以晴朗多云的天空作为陪衬，配合宁静的水面和水中的倒影，给人一种天高海阔的感觉。倒影也是在构图时需要注意的，对称构图是常用的构图方式，切忌过于呆板。

85mm F5.6 1/125s ISO200
宁静的湖面上倒映着地面上的景物，形成了对称构图

7.2.3 利用偏振镜去除水面反光

江河的外部形态各具特色，但内部构成都是水。水面具有较高的反光率，当阳光照射的角度与相机镜头形成一定夹角时，会在画面中形成强光反射，同一湖水，在顺、侧、逆三种不同光线的照射下，其水面颜色不同。

拍摄水景照片为了消除或减弱反光，要使用偏振镜。拍摄时慢慢转动偏振镜，当转到一定角度时（可以用眼睛在取景器内观察）会发现水面的反射被屏蔽掉了。

35mm F8 1/60s ISO100
使用偏振镜后，水底的石头清晰可见

35mm F8 1/125s ISO100
不使用偏振镜，水面上会有强烈的反光

77mm 口径偏振镜

7.2.4 水平如镜时，怎样拍好景物在水中的倒影

一般来说，拍摄水面倒影的最佳光线是低位光的逆光，其次是侧光和漫射光，切勿选择在顶光和顺光的时候拍摄。在理想的光线条件下，天空和实景会形成强烈的明暗对比，投到水面上的影像会显得清晰、分明。拍摄视点须选择低角度。画面上倒影的多少与拍摄视点选择的高低有很大的关系。拍摄视点高，倒影显得少；拍摄视点低，倒影便显得多。

45mm F11 1/125s ISO100
利用对称构图法拍摄水中的倒影

拍摄水面倒影时曝光要准确。倒影多产生于水面上，水面反光常会给拍摄者视觉上的错觉，以为拍摄现场亮度很高。可以采用相机的 3D 矩阵测光模式，综合多个曝光数据，确定曝光的参数。

24mm F11 1/350s ISO100
小光圈、三脚架是拍摄自然风景最常用到的搭配

24mm F4 1/60 ISO400

28mm F11 1/30 ISO200

7.3 拍摄冰雪的技巧

7.3.1 雪景怎样测定曝光量

雪景有着独特的颜色、亮度，想拍好雪景，曝光量是一个很关键的因素。在雪景中拍摄的照片，重要的是应具有细腻的层次。由于雪景反差特别小，轻微过曝或欠曝就会损失画面细节部分的层次。雪景的亮度很高，拍摄时如果要还原雪景的白色，就要用相机测光后，适当增加曝光量。

拍摄雪景时要记住此时的反差和照明条件所构成的特有的阶调范围，有时会使你相机的曝光系统上当。因此，最好的办法是改变曝光量，多拍几张不同曝光量的照片。这样一定能保证其中至少有一张曝光是正确的。另外还有一点，这样拍摄的结果会使你发现曝光稍微不足或过度，可能会使你获得更加满意或者是意想不到的佳作。

24mm F22 1/250s ISO100 +1EV
在相机测光数据的基础上增加一档曝光量拍摄雪景

7.3.2 拍摄阳光下雪的质感

顺光条件下拍摄雪地可以表现出雪的柔和与洁白，而在逆光的状态下拍摄雪地则能表现出雪的质感，使雪层的表面呈现出如沙漠一样粗糙的感觉，雪的每个颗粒都有很强的存在感，给人坚硬的力量感。拍摄时最好不要选择一片平整的雪地，而是以略带起伏的地形作为拍摄地，微小的起伏可以增强雪的质感和画面整体的立体感。也可以把投射在雪面上的树影取进画面，使立体感更加强烈，而由于天空的反射，阴影下的雪地呈现蓝色调，给画面带来色调的变化。光线比较强烈时，可以用手挡在镜头前面起到遮光板的作用，避免画面产生耀斑。

45mm F8 1/400s ISO100
阳光斜射雪景且产生阴影的时候，雪的质感很容易表现出来

7.3.3 拍摄冰雪景要增加曝光补偿

雪景比其他景物明亮，在有太阳光线照射时，就更加明亮，它的感光也比一般景物灵敏。在这种情况下，可使用曝光补偿，增加 1 ～ 2 级曝光量，也可以将相机对准中间色调物体，采取局部测光的方法，并按此时测得的数据，将相机调到“手动”模式进行拍照。

50mm F11 1/500s ISO100 +1.5EV
以雪景测光要增加曝光补偿，以树测光则要减少曝光补偿

200mm F4 1/190s ISO400

7.4 拍摄海景的技巧

7.4.1 拍摄大海的构图方法

在海上拍摄大海的照片和从陆地上拍摄大海的方法完全不同，它们需要使用不同的构图形式才能得到理想的照片效果。通常，平静的海面上景色非常单一，天空只有纯净的蓝白两色，所以运用色块和线条容易构成美丽的大海照片，常用的构图法则有三分法、水平式构图、下沉式构图。从陆地上拍摄大海则有更加丰富的构图变化。借助海岸或沙滩上的一些石头作前景来构图，使大海的纵深感增强。

曲线构图

35mm F11 1/250s ISO100
利用大海周围的岛屿进行曲线构图

三分法构图

45mm F8 1/450s ISO100
利用地平线进行三分法构图

对称式构图

35mm F8 1/350s ISO100
利用水面进行对称构图

7.4.2 如何拍出大海的壮观氛围

碧海蓝天一望无垠，波澜壮阔，可为什么拍成照片却平平淡淡，一点也没有表现出海的气势与美丽？这就是人用眼睛观看和用相机镜头留影的不同之处。眼睛观看时是立体的，因而有空间感，你会觉得天空大海无限深远，而照片却是平面的，看照片就很难感受到身临海边所感受到那种宏大、辽阔。用高速快门凝固溅起的浪花，会得到与众不同的效果。为了强化日落的效果，在使用RAW格式拍摄时，可以稍后在Photoshop里选择白平衡。如果使用JPEG格式拍摄，调到“风景”模式，拍一张测试照，观察液晶显示屏里的照片效果。

35mm F13 1/250s ISO200
在日出时分，水面的色温与天空的色温一处偏蓝、一处偏黄，非常适合海景的拍摄

7.4.3 使用高速快门拍大海

大海激荡的海浪，金色的沙滩，往往是摄影爱好者喜爱的拍摄题材，但是想拍摄好海景也并非易事。

如果试着用高速快门拍摄大海，可以表现出大海咆哮、奔腾的画面。高速快门把海水溅起的浪花凝固在空中，在风的吹拂下海面越来越不平静，被凝固的海面就可以完全体现出这一点。要使用高速快门拍摄，首先要调整相机拍摄模式为快门优先模式或是手动模式，预先设定快门速度为1/500s甚至更快，再根据曝光量确定最恰当的光圈值。

85mm F4.5 1/1000s ISO200
高速快门能把浪花凝固住，展现动态的效果

7.5 拍摄天空的技巧

7.5.1 如何拍摄天空

天空的表现形式多种多样，清晨太阳刚出山时的霞光万丈；暴风雨前的乌云密布；盛夏傍晚的火红的云霞；晴朗天气里的形态万千的白色云朵……这些都可以来表现天空的壮美，在构图上毫无疑问，天空的部分虽要占较大的比例，但还是要适当地截取地面的景物作为衬托，以保证画面的平衡，可采用以地平线为分界线的使用水平线构图的形式，也可采用以四面树枝的轮廓或剪影构成曲线的结构。通过曝光补偿来使云朵呈现最强表现力的色彩和明亮度。拍摄白云或金色云霞时，使用正补偿表现明亮清爽感；拍摄火烧云或乌云这些偏暗云朵时，使用负补偿来强调暗沉的气氛。

35mm F22 1/125s ISO100
拍摄天空时，适当带上地面上的景物，能让画面的构图多一些变化

7.5.2 天空是最好的背景

风景摄影中，天空是最好的背景。蔚蓝的天空与地面上的青绿色是最和谐的搭配，而且天空简洁明快，不会因太过杂乱而分散注意力，可以保证主体的突出。而日出、日落和明月高悬的天空，与拍摄者的创意结合起来，能够拍出独特的、有味道的风景照片。

在日出或日落时分，以天空为背景拍摄建筑物或者船舶等景物，把焦点放在地面上的景物上，这样拍出来的太阳会有些许虚化，主题与背景分离，很好表现造型之美。以明月高悬的天空为背景拍摄树木或者传统建筑的剪影，更是能表达一种“月上柳梢头”的意境。

7.5.3 使用偏振镜拍出深蓝的天空

偏振镜也叫偏光镜，其工作原理是选择性地过滤掉来自某个方向的光线，从而减弱天空中光线的强度，把天空压暗，并增加蓝天和白云之间的反差。

在使用偏振镜时，通过旋转偏振镜，可以在取景器中看到最亮与最暗的景物，从而进行拍摄，镜头加装偏振镜后曝光时切记需要增加 1 ~ 2 档的曝光量。在拍摄水面、玻璃、镜面时，都会有一些反光现象，这样的反光会在照片中形成强烈的光斑，为了消除光斑还可以使用偏振镜。

45mm F8 1/450s ISO100
使用偏振镜可以让天空颜色变得蓝一些

7.6 拍摄云彩的技巧

7.6.1 怎样拍出天高云厚的感觉

云是天空中湿气所形成的凝体，它在天空中会随着天气变化的而凝结、移动和消散，形态变化万千。

拍摄自然景物因为有了云的存在，同样的景物在同样的天气下，拍摄的效果也会有截然不同的效果。在拍摄云彩时，曝光是非常重要的，可选择点测光对天空的各个点进行测光，然后考虑取舍亮部还是暗部细节。想要拍摄大环境里雄伟气势的云层，还需要广角镜头进行拍摄或是采用接片的方法。

35mm F11 1/250s ISO100
采用横构图拍摄全景，画面中的视野更开阔

35mm F8 1/450s ISO100
拍摄大范围的全景照片，可以把焦点放置在无穷远位置

7.6.2 抓住云彩的特点

云是随天气的变化而变化的，拍摄前最好了解一些这个地方这个季节的天气情况。拍摄它需要长时间的等待，拍摄不能太急躁，到了现场要观察云的形状和所要拍摄的景物是否搭配。

云景一般都是和景物搭配来拍摄的，美丽的云景应该与富有表现力的景物来搭配，才能更好地完善画面。在拍摄时，前景有水是很好的选择，水、地面搭配草地和天空搭配云朵这样的画面是非常好看的。

24mm F11 1/250s ISO100
这样的美景需要我们耐心的等待，还要多拍

拍摄云景时，不仅要观察色彩、光线和云彩的造型等，还要细心地观察其他景物的衬托情况，要提炼画面中的景物元素，使整个画面重点突出，错落有致。

7.6.3 怎样去表现云

云是天空的表情，展示着天空的喜怒哀乐。不同的天气，不同的季节，云的形态也不一样。比如晴朗天空中棉絮一样纯白的云朵，暴风雨前的乌云；夏天的积雨云，秋天的鱼鳞云，就连一天的不同时段云的表现也有很大区别，最具代表性的就是朝霞和晚霞。爱好风光摄影的人，自然不会忽略这个绝好的风景。没有深浅层次的白云，不适宜作任何景物的陪衬，更不宜作为主体，一般层次较多的白云多半产生在早上或下午阳光斜射的时候。因此，在斜照的阳光下拍摄风光，是最适合运用天空的白云作陪体。但是云的形态瞬息万变，要善于把握时机才能拍到好的云景。

35mm F8 1/500s ISO100
天空的云朵在不断运动着，每次拍摄之前都要认真对焦

7.7 拍摄雨景的技巧

7.7.1 阴雨天拍照怎样掌握曝光时间

85mm F2 1/450s ISO200
阴雨天的光线比较均匀，可以采用评价测光模式

在阴雨天拍照是常有的事，但对一般的摄影爱好者来说，掌握阴雨天的正确曝光是比较困难的。首先需要了解，阴雨天光线的特点是散射光为主,天空显得柔和。散射光在一般情况下要比晴天蓝色天空的光的亮度高得多。只有当乌云翻滚、大雨将临时，天空光的亮度才比晴天蓝色天空光低。

在阴雨天拍摄彩色照片，还需要注意色温的问题,阴雨天的大气介质如水蒸气，烟雾，尘埃等，能散射一切波长的可见光，使之成为白色，因此不像直射阳光那样受大气介质的影响而改变色温。总的来说，阴雨天的色温偏高，比较稳定，而且是单色性的，所以阴雨天拍彩照不能像晴天那样根据太阳在天空中的高度来考虑色温的变化。

阴雨天的阳光是散射光，没有明显的反差，但根据太阳的方位，景物的受光还是有微弱的明暗反差，可以很好地表现景物。

7.7.2 雨天是否适合拍摄

50mm F4.5 1/250s ISO200
透过挂满雨滴的玻璃拍摄窗外的景物，对焦点要选择在玻璃上

雨天光线的亮度比阴天稍大,而且山石、建筑物、柏油马路等这些渗水性差的景物，会产生明亮的反光；而植物经过雨水的冲刷，颜色有所加深，能有效地增强景物的色调反差。因此雨天摄影更能表现干净清爽的氛围。表现雨丝时，要选择较暗的景物做背景，这样可以把雨丝拍得明亮些，而且背景越暗越近，雨丝越明显。拍摄雨滴不能以天空为背景，因为天空的亮度可能大过雨滴的亮度，使雨滴淹没在灰白的天空中。另外，雨滴打在湖面或者积水的路面泛起的层层涟漪也是拍摄雨景的不错素材。雨天摄影唯一的不足是拍摄地点的选择，特别注意不能使镜头沾上水滴。

7.7.3 阴雨天的光线你需要如何应用

阴天晦暗的光线使一切景物都呈现浓重的灰色调，无论从心理上还是视觉上都蒙上了一层阴影，对于某些摄影人来说是令人沮丧的。事实上，阴天的光线对于风光摄影也有有利的一面，柔和的散射光会给画面带来特殊的艺术效果。当然阴天光线暗弱，照度低就得不到正确的曝光。这时需要对相机的光圈和快门做特殊的设置，根据阴天的光线情况来确定曝光组合。当薄云遮日时，景物仍然有模糊的投影，可以设置 F8 光圈，1/125s 快门；云层完全遮住太阳，景物没有投影时可以保持光圈不变，稍微延长快门时间；乌云密布时，景物灰暗，曝光组合设置为光圈 F5，快门 1/30s。

65mm F2 1/250s ISO250
雨天拍摄景物，需要把感光度设置得高一些

7.7.4 怎样拍摄露珠

清晨晶莹的露珠很好地装饰了花朵和叶片，拍摄带露水的花草，是不少摄影者的爱好。这种照片一般采用微距拍摄，需要注意的是，使用点测光模式对露珠进行测光，对焦要清晰准确，使用三脚架，避免因抖动造成的模糊。

构图上，背景最好使用单色背景，更能突出露珠的晶莹剔透。拍摄时，通过不断变化的背景拍出多种效果的照片，找到最佳的角度和构图。拍摄露珠的时间一般为清晨，这时的光线柔和，采用侧逆光的角度，可以展现出露珠琥珀般的光泽。

100mm F4 1/250s ISO100
拍摄露珠需要选择一个最佳的位置，否则拍出的露珠不够透亮

7.8 拍摄秋叶的技巧

7.8.1 拍摄秋季的红叶

秋天给大地披上了五彩斑斓的盛装，秋风给天空涂抹上清澈的湛蓝色，又洒上缕缕白云。又是满山红叶时，醉人的美景中，闪现出摄影人的身影，要把美景凝固在照片上，让美景永驻人间。希望这里介绍的 5 则红叶摄影技法，能够对摄影人有所启发和帮助。

（1）灵活运用逆光和透射光。

（2）巧妙安排背景。

（3）和谐的色彩赋予作品生命力。

（4）妥善处理天空的表现。

（5）采用手动曝光模式，而不依靠相机的自动模式。使用手动模式还有一个好处，就是可以比较方便地调整构图。

65mm F8 1/450s ISO100
逆光的位置拍摄红叶，叶子会更加透亮

7.8.2 拍摄逆光下的秋叶

在逆光下拍摄秋叶的彩色照片是比较头疼的，如果按照阴暗部分曝光，亮光部分就会感光过度；按照亮光部分曝光，阴暗部分就会感光不足。解决的方法是拉近光比反差；降低高光部分色温；阴暗部分加补光。漫山遍野的秋叶，要有选择性地拍摄，这时候不妨先拍些近景。近景能兼顾色彩和细节，突出局部，突出质感，局部树叶结构、色彩能展现秋叶的魅力，表现力强，正所谓一叶知秋；还有利用逆光这一特点，把树叶拍透。如果选择拍摄远景，则以大色块为主，将红色的枫叶和蓝天下的山脉合理布局，共同组成一幅气势磅礴的秋季山景图。

85mm F3.5 1/450s ISO100
以天空为背景进行拍摄，可以让画面简洁一些

90mm F2 1/80s ISO800

7.9 拍摄闪电的技巧

7.9.1 拍摄闪电的窍门

虽然拍摄闪电是需要碰运气的，但还有窍门可循，掌握这些小窍门可以帮助你拍摄到具有力量感的闪电照片。首先你的相机要有B门模式和快门线，把相机安放在三脚架上，镜头对准预测的闪电可能出现的位置完成构图，看见闪电的时候在B门模式下按下快门，记得使用快门线，因为B门模式的快门速度非常慢，轻微的抖动都会导致照片模糊，包括在三脚架上按下快门引起的抖动。闪电第二次出现时释放快门就可以获得完美的闪电照片。拍摄闪电还有一个捷径就是在相机上安装一个闪电触发器，你只要把相机设置到快门优先模式，对准闪电可能出现的方向就可以了。

35mm F11 5s ISO200
对天空进行测光拍摄，找准出现闪电的位置，等待它的出现

7.9.2 拍出雷鸣电闪的氛围

闪电是可遇不可求的，闪电是非常快的，人还来不及反应，它就消失不见了。种种原因让我们没有办法拍好它。其实只要掌握一些要点还是可以拍摄出好的照片的，可以把相机固定在三脚架上，用全手动模式，光圈小些，ISO设置到最低，手动对焦到无穷远，可以用快门线长时间曝光。

不要认为可以用相机的快门来抓住它，因为这对于普通人来说几乎是不可能的，其实人的反应速度对于闪电的瞬间是非常慢的，根本抓不住。

45mm F11 4s ISO200
闪电出现后，它走的路线会被相机记录下来，因为闪电的光很亮，足够在相机里成像

7. 10 拍摄山景的技巧

7.10.1 山脉的构图

拍摄山脉多以曲线进行构图。早晨和傍晚的山脉最为美丽，而且容易拍出层次感。这时候由于空气中的湿度高，再加上空气中的尘埃和水汽的折射，远处的山脉和近处的山脉的透视变化在逆光状态下变得非常明显，有利于拍摄出丰富的层次来。尤其是在日出和日落的时候，如果有朝霞或晚霞，那更是难得的镜头。也有人认为拍摄日出和日落是为了拍摄太阳，其实这是误解。由于这段时间的色温低，可以利用日出或日落时的太阳作为辅助对象将壮观的山景表现出来。

24mm F11 1/125s ISO100
景物的反差适中的时候，直接使用自动模式也能拍到很好的效果

35mm F11 1/450s ISO100
竖直拍摄表现延伸的空间感

7.10.2 拍出山雨欲来的氛围

面对大自然各种千变万化的景物和天气，没人能告诉我们，对应的每一种情况应该怎么拍摄，根据平常拍摄的经验，要学会探究，在保证曝光的基础上多次拍摄。

对于下图中这样的景色，我们拍摄时首先应该想到景物应该表现气氛。使用三脚架、小光圈、慢速快门进行曝光，曝光时可以适当减少曝光量，构图时最后添加些艺术绘画效果，这样所拍摄的景物气氛会更加浓重。

24mm F11 1/400s ISO100
天空与山尖在远处相接，使人想象到有火山喷发时的气势

7.10.3 使用小光圈拍山川

拍摄风光照片时为了得到清晰的照片，要使用三脚架配合小光圈来拍摄。面对美丽的山川能够取下全景固然不易，这需要有足够高的视点才能俯视大面积的范围，而且还需要使用广角镜头来拍摄。在拍摄弱光下的山川时，一般选择小光圈，使用低感光度，长时间曝光的方式来完成弱光下的拍摄。碰到没有三脚架可以进行支撑的时候，就只能使用大光圈了，但不能保证整个画面都是清晰的。

35mm F11 1/400s ISO100

小光圈对准画面偏上 2/3 处的位置对焦，可以使景深最大化

7.11 拍摄雾景的技巧

7.11.1 如何拍摄雾天

雾天因为朦胧而显得神秘，因此对摄影者具有独特的诱惑力。雾天的视觉特点是物体之间很小的距离被放大，拍摄中在确定拍摄主题和构图方式时要以这个视觉特点为依据。树林里不太稠密的树木或是蜿蜒的小路都能够很好地表达雾天的特殊视觉效果。因为雾气的笼罩，曝光很难把握，一个比较实用的技巧是对雾气本身进行测光，在测光数据基础上增加一档曝光补偿，一般就可以得到正确的曝光。雾天的另一个有利于拍摄的特点是它可以使景物的颜色变淡，画面中没有亮丽的色彩，通过细微的色调对比更加突出雾天的神秘色彩。

45mm F11 1/250s ISO100
使用连拍的模式拍摄，可以拍摄到很多我们没有预想到的风光

7.11.2 拍摄雾景、雪景怎样测定曝光量

雾景和雪景有其独特的颜色和亮度。想拍好，曝光量是一个很关键的因素。在薄雾中拍摄照片，重要的是应具有细腻的层次，由于雾景反差特别小，曝光稍微过曝或欠曝就会损失不少画面细节部分的层次。

雾虽然遮挡了阳光，由于对光线的反射和折射作用，测量雾景的曝光参数有时候是不准确的。可以利用包围曝光模式多拍摄几张照片，再从中挑选合适的。雪景具有高亮度的特点，拍摄时如果要还原雪景的白色，那么用相机测光后，要适当增加曝光量。

85mm F8 1/200s ISO100 +1EV
增加一档的曝光量，雾就不会显得特别灰

7.12 拍摄草原的技巧

7.12.1 利用构图和取景使草原的线条和色彩更美

拍摄草原的核心是线条和色彩。利用构图和取景，使线条和色彩表现最美的一面，使其充分表达出主题内涵。合理布局浮云和草原的轮廓以及中心位置的辅助被摄物，就可以表现出画面的稳定感和平稳感。

45mm F8 1/450s ISO100
横构图可以表现出草原的线条美

7.12.2 拍草原的构图法则

拍摄草原风光照片时，地平线的位置决定了草原的构图形式。如果视角高，俯视拍摄地平线就不会在画面中出现，如果视角低，地平线在画面中的位置就会升高。取景构图时最好把地平线放到画面的三分之一处，这是最常用的构图，切勿天空草地各占一半。在拍摄空旷的草原时，为了减少杳无人烟的空旷感，可有意识地将弯曲的河流、道路等安排到画面之中。它们能在画面中形成生动的曲线来丰富影调，还可以给人一种水丰草茂、生机盎然的感觉。阳光低角度时刻通常也就是日出、日落时刻，此时光线色温偏低，色调偏暖，使丘陵和草原的色调更为丰富。此时若以顺光拍摄，更能使照片的构图和影调增色不少。

35mm F11 1/250s ISO100
拍摄草原很多时候也会把地平线放入画面，可以使用水平构图法构图

7.12.3 草原上线条的利用

拍摄绿地或草原照片的核心是线条和色彩的表现。利用构图和取景，使线条和色彩表现出最美的一面，使其充分表达出主题内涵。合理布局浮云和草原的轮廓以及中心位置的辅助被摄物，就可以表现出画面在视觉的稳定感和平稳感。拍摄时最好带上一个稳固的三脚架。草原上天空中的云彩是变化无穷的，取景时最好把地平线放到画面的五分之一处，甚至放到画面的边缘处。可有意识地将弯曲的河流、沼泽安排到画面之中，它不但能美化构图、丰富影调，还可给人一种水丰草茂、生机盎然的感觉。

24mm F11 1/200s ISO100
S形的曲线线条使画面有延伸的纵深感

7.13 拍摄瀑布的技巧

7.13.1 慢速快门拍瀑布

瀑布是经常拍摄的题材，它是从河床纵断面陡坡或悬崖处倾泻下来的水流。拍摄瀑布为了不使相机受潮，需要离瀑布远些，可以选择长焦镜头将瀑布拉近。近景反映瀑布的动势，而全景则反映瀑布的气势。一般情况下，在要表现速度的照片中往往使用慢速快门进行拍摄，这样才能在画面里体现出物体行驶的轨迹与速度（表现如丝绸般平滑的流水与瀑布）。使用慢速快门拍摄时，三脚架是必不可少的。

45mm F8 1/2s ISO100
慢速快门拍摄水流，水形成雾状的效果

7.13.2 高速快门拍瀑布

瀑布往往以很强的震撼力来冲击人们的眼球，要想捕捉到从高处倾泻的水流，就需要使用高速快门。很多人拍摄瀑布时都喜欢用三脚架支撑相机，用慢速快门拍摄，拍摄出的照片也很美观，但缺少气势。拍摄瀑布最重要的，是画面要具有压迫感，让观看者有身临其境的感觉。可以采用仰拍的角度拍摄。

在阳光的照耀下，瀑布周围溅起的水花会形成水上的彩虹，如果找准方位拍摄，这种景色是非常漂亮的。拍摄时，最好使用手动对焦模式，因为自动对焦会出现失焦现象，可将快门速度设置到 1/800s 甚至更快。

45mm F8 1/500s ISO200
使用 1/500s 的速度凝固溅起的水花

7.14 选择拍摄时间和地点

7.14.1 选择拍摄地点

自然界中无处不风景，身边的一草一木皆可成为摄影的题材。同一景物从不同的角度拍摄会有不同的效果，关键是发现其最美、最奇的一面，把与众不同的美感展现出来，而不是做简单、全面的记录。这就要求选择合适的拍摄地点和角度。例如在拍摄人像时，想要表达不同的思想或人物的性格，选取合适的侧面来展现人物的体型姿态和面部表情，能够更好地表达主体。拍摄建筑物时，除了通过平视、仰视的角度来表达建筑物的高大、雄壮外，选择水中的倒影作为拍摄主体，结合水面的波纹和突然落入水中小石块引起的涟漪，往往能形成非常奇幻的效果。

85mm F2 1/250s ISO100
花卉开放的时节可以到公园去拍摄

7.14.2 选择拍摄时间

随时间流逝的东西总是令人怀念，而相机的记录功能可以弥补这个缺憾，帮助人们留住最美的瞬间。世间万物在不同的时间里都有不同的表象，大到一年四季，小到一天二十四小时，总有不同的形态。我们要做的就是抓住最美的时刻，用相机把它记录下来。要把握这一点就要善于观察，观察要拍摄的事物在不同时间段的特点，根据想要表达的内容，找到最佳的拍摄时机。拍摄花草树木，在清晨和傍晚时为佳，因为此时光线比较柔和，能够为画面增添美感。拍摄建筑物时则应选择白天光线比较强烈的正午或者灯火通明的晚上，利用光线下的明暗对比来突出建筑的外形特征。

7.14.3 怎样了解拍摄地点和时间

拍摄风景照的最佳时间是清晨和傍晚，因为这两个时段的光线是最柔和也是具有立体感的。而真正令人惊喜的光线也就几分钟而已，想要把握住这个时间，拍出具有神奇效果的照片，需要在拍摄前做好拍摄地点的勘察和最佳拍摄时间的预测。例如要拍摄海上日出，可以在前一天到拍摄地点察看能够完整地看到整个日出过程的具体地点，以免一大早出去在黑暗中摸索、寻找、试拍，当找到最佳的拍摄地点和角度时，已经是太阳当空照了，拍到的则是一堆单调、乏味、没有什么特点的照片。

75mm F4.5 1/450s ISO100
使用中等焦距的镜头近距离地拍摄花卉，可以达到长焦镜头的效果

7.15 拍摄风景的技术要点

7.15.1 画意荷花的拍摄技巧

画意摄影不单单是构思、立意、用光和色彩的搭配，运用多重曝光时也不是简单的增档与减档。在拍摄时选用不同颜色的花卉作为主体的曝光量是关键，曝光量掌握不好会直接影响照片的效果。作者的测光方式主要是以机内点测光为主，根据自己所要达到的效果来决定曝光量的增与减。

将花卉主体放在背景颜色最深部位，让深颜色的背景能更好地衬托花卉主体，深颜色的背景大多在第一次曝光时不感光或少感光，这样还有利于多次曝光拍摄。在拍摄荷花时，很多时候花的背景暗不下去，可以选择颜色浅一些的花朵，花卉主体背后用黑布遮挡，必要时花卉主体的前面部分也要适当采用黑布作局部遮挡的方法，来降低不需要曝光部分的曝光量。

135mm F3.5 1/350s ISO100
往往漂亮、开的灿烂的荷花都在池塘中央，这时要用长焦镜头进行拍摄

7.15.2 使用简化画面方法拍森林

森林属于自然风景，是没有固定景物目标的风景。森林是随着不同的季节而变化的。拍摄森林需要身处林中，选取有远有近，有高有低，有疏有密的树木场面，以平视的镜头角度拍摄，才能在画面上显示出广阔、深远的森林面貌。

45mm F4 1/250s ISO100

森林中景物繁多，空白需留舍得当，画面才能有节奏、气氛，使主体在视觉中心更加突出。空白处要与主体物相互映衬，也是简化画面最好的方法。画面越简洁，往往越具有概括力与冲击力。画面不能空洞。空白不是独立存在的，它需要与实体相互映衬。

7.15.3 拍摄绽放中的烟花

烟花是黑色天幕上盛开的花朵，它炫目的美丽使人忍不住想要拿起相机记录下这个瞬间。拍摄烟花并不是件容易的事，需要做充足的准备和掌握一定的技巧。首先要选择合适的拍摄地点，设置好相机，感光度设为 ISO50 或 ISO100，焦点设在背景建筑物或者较远的对象上，并且使用三角架，因为要记录烟花在空中划过的轨迹需要长时间的曝光，一般都在 2s 以上，抖动会使轨迹的圆弧变得不平滑，出现很多 S 型的弯曲，使画面显得十分凌乱，影响美感。烟花表演一般会持续一段时间，在表演的前期，可以通过调整构图和曝光时间来达到最佳的效果。

75mm F4 2s ISO400
拍摄烟花的时候快门速度一般都放置在 1 ~ 3s

7.15.4 拍摄城市风光

城市风光是以街道和建筑物为主的风光，在拍摄时要着重表现它们的地方特色和繁荣场面，这样才有可能反映出各个城市的真实风貌。因为每个城市都有独特之处。比如在我国的南方，许多城市里都有河堤江岸，由于这些城市水上交通非常发达，靠近堤岸的地区一般都是比其它地区热闹、繁华，高大的建筑物也比较集中，这些就是所谓“堤岸城市”的特点。上海就是这样一个有江岸河堤的城市，水道交通畅通国内外，堤岸一带高大楼房也比较集中，因此拍摄上海风光，就应选择具有上海特点的外滩来表现。但是仅有陆上交通的城市，它们的最热闹的地区和高大楼房一般都集中在城市的中心区。因此拍摄前了解城市的特点非常重要。拍摄时，为了使照片有地方特色，最好去寻找有代表地方特色的著名建筑物，因为这样选择既能说明是哪座城市又能表现出它的繁华。

45mm F8 1/450s ISO100
使用小光圈拍摄可以保证建筑物前后都是清晰的图像

7.15.5 使用广角镜头拍风景

广角镜头有视角大、景深大的特点，适合用来拍摄风景照。广角镜头近大远小的透视变形较为明显，有助于表达空间深度感，可以说广角镜头就是为拍摄风景而生的。使用广角镜头的最大光圈拍摄风景照时，会使画面四周出现暗角，有时候暗角可以集中视线、增强气氛，而有时则会破坏画面的整体效果，这时可以根据需要适当减小光圈大小来减轻或消除暗角。广角镜头的另外一个问题是畸变，尤其是在画面四周的变形程度可能超出视觉可能接受的范围，在构图时应避免在四周安排直线，以减轻变形的视觉感受。

35mm F8 1/250s ISO100
广角镜头能容纳很多景物，画面的视野非常宽阔

7.15.6 选择制高点

面对极美的远景，谁都想要记录下它的全貌。而想要拍摄全景，就需要找到一个制高点，采用俯视的角度进行拍摄。比如山峦高岗、山坡塔楼、桥梁建筑等，居高临下远距离俯拍，具有纵深感，能够展现出巨大的空间效果和宏伟的气势。在制高点拍摄大场景，就需要视角尽量宽广的镜头，才可能容纳更多的景物。如果这样还不足以拍下想要表现的广阔场景的话，可以并排拍下一系列照片，直到包含整体景观。然后，用图像处理软件拼合在一起。这样可以做出任意宽视野的照片，甚至是360°的视角。照片的视角越宽，视觉效果越强烈。

35mm F11 1/500s ISO100
选择一个比较高的位置收纳大自然的景物，画面更壮观

7.15.7 多点测光平均曝光

对每一张照片来说，准确的曝光都是相当重要的。不同的测光方法，则会影响到最后的曝光参数，当然效果也会不一样。点测光适合拍摄逆光的光线或对各个点进行测光，点测光只是相机的测光元件很小的一部分感光，对于拍摄逆光下的主体物测光受到环境影响的因素很小，从而保证主体物正常曝光。

24mm F11 1/125s ISO200
景物的反差比较大的时候，就要使用多点平均测光

7.15.8 大自然中的小场景

每当出去旅游、拍摄风景照片时，都被大场景的风景所吸引，大场景的风景照片在快门的跳动中欢舞。因此，摄影者常常被眼前绚丽的景色所感动，尽可能地用手中的广角镜头去拍摄那些气势磅礴的画面。

实际上，大自然风景中一些精致的小场景也是非常漂亮的，在拍摄大场景的激动之余，别忘了那些不起眼的小角落里充满了生机。路边的小草、树枝上的叶子等都可以成为精彩的作品。要有善于发现的眼睛，才能更好地留住许多大自然中美好瞬间。

55mm F2 1/200s ISO200
认真观察大自然中的每一处小场景，会发现它们也同样美丽

7.15.9 怎样拍好波光粼粼的水面

波光粼粼的水面其实就是强烈阳光在水面上产生的高亮度的反光，拍摄这样的画面要保证高亮度的反光被保留下来。

拍摄水面要特别注意曝光的准确性，可以使用平均测光或点测光模对画面中受光均匀的区域进行测光，保证高光部分的曝光处于一种略微过曝的状态。拍摄时最好使用三脚架，使用小光圈来进行曝光，保证拍摄的画面质量比较高。避免用点测光对高光部分进行测光，这样会使画面的曝光不足。水面上波光粼粼的效果，再加上景物的剪影效果，会为画面增添很多的色彩。

35mm F8 1/400s ISO100
对天空进行测光，强大的反光使人物形成剪影

35mm F13 1/500s ISO100 +1.5EV
水面的亮度比较高，拍摄时需要增加1.5挡曝光量

7.15.10 巧用画面中的线条

不同线条的特点：

1. 垂直线条

可以促使视线上下移动，显示高度，给人以耸立、向上、高大的感觉。

2. 水平线条

可以使视线上下移动，产生开阔、延伸、舒展的效果。

3. 斜线条

会使人感到从一端向另一端扩展或收缩，有种不稳定的感觉，富于动感。

4. 曲线条

视线时时改变方向，引导视线向重心发展。

5. 圆形线条

可以使人们的视线随之旋转，具有更加强烈的动感。

线条给人以美感，如果能把拍摄的景物线条从大自然中提炼出来，则可以更好地表达作品的思想。构图时，好好把握线条的走向，让线条赋予画面视觉冲击力。

45mm F8 1/500s ISO100
曲线条引导视线向远处发展

35mm F11 1/500s ISO100
三分法构图画面稳重

7.15.11 地平线在画面中的位置

在拍摄大海与天空、草原与天空这些组合画面时，一般初学者都会把水平线或地平线放在画面的正中央，这样拍摄出来的照片单调、乏味而且没有重点。因此在应用水平线构图时，水平线的位置最好不要放在中央的位置，而是根据黄金分割法放在画面中的三分之一处。根据想要表达的重点，如果拍摄主体是天空，着重表达天空中的云霞，水平线应该放在画面下方三分之一处；如果想要表现的是地面或海面的情形，则水平线放在画面上方的三分之一处。水平线这样的放置位置可以保证画面的平衡感和安定感，使画面更加生动，且主题明确。

35mm F13 1/125s ISO200
1/2 构图拍摄的画面并不一定单调、乏味

24mm F16 1/125s ISO100
地平线经常会被放置到 1/3 处进行构图

7.15.12 如何体现被摄体大小

因为相机有缩小和放大物体尺寸的功能，再加上摄影师的布光和视角的选择，往往造成画面中比例的不明确，而无法感知景物的真实大小，这就给摄影师提供了大量创造的机会。而要表现被摄体的大小，需要在图像中安排标志性的对象进行参照来获得大小的标准。如果没有参考点，观看者就只能猜测物体的大小。比如拍摄一艘船，船头部位充满整个画面，没有任何参照的情况下，观看者就无法感知船的大小，而把它看成一个船舶的模型。而在船舷上配置一个人，那么船的整体大小就确定了。摄影师也可以利用这个特点创造一个比例不明确的奇妙世界。

28mm F11 1/125s ISO100
一棵树在画面中占据了很小的位置，能体现出整个画面的宽阔

7.15.13 学会使用景深预览

风光照片成功与否的关键在于光影的应用和景深的控制，有效的景深可以突出照片的主体，增强画面的表现力。而相机的景深预览功能能够有效帮助我们把握景深，了解主体周围哪些是清晰的，哪些是模糊的。拍摄时通过取景器观察被摄物体，相机的对焦系统也通过镜头的进光量来实现精确的对焦。取景时，把光圈开到最大得到最大的进光量，这样取景器内便获得最明亮的效果，方便取景和对焦。此时取景器中画面的景深最浅，只有主体是清楚的，而前景和背景都是模糊的，在按下快门时，光圈就会自动收缩到设定的位置得到我们预设的景深效果。

28mm F8 1/350s ISO100
使用景深预览功能能很好地帮助你了解景深的大致范围

7.15.14 风光摄影需要一个清晰的主体

拍摄风景照片很多时候都是使用大广角镜头拍摄，但是也需要强烈突出主体，除了这个主体一切都是陪衬，背景需要进行虚化来强调主体的地位，甚至没有背景对整幅照片也不会有太大的影响。风光摄影中对主体突出的要求并不那么强烈，但依然要有明确的主题，使观看者看到照片时能够在脑海中闪现一个简单的词语来描述整个画面。比如蜿蜒伸向远方的路、光芒四射的夕阳、岸边破旧斑驳的小船、岩石上的海鸥等，看到照片后，观看者不能找到这样的词汇来形容画面，这就是一幅失败之作。当然风景照中的背景和辅被摄体同样重要，必不可少。

24mm F8 1/250s ISO100

第8章 静物拍摄技巧

如今，静物摄影已经不是单纯的艺术摄影了，伴随着商业化，静物摄影更多都是在拍摄商业广告类的静物产品。本章将介绍静物摄影的一些基本技巧，通过学习希望让你在拍摄自己喜欢的一件东西时，能表现得更加漂亮、完美。

8.1 拍摄静物的要求

拍摄静物时，有以下六点要求：

第一，构图要简洁明了；

第二，不要选择任意堆放在一起的物体，要找出主宾的关系或表现的主体，剔除与主体不协调的任何细节；

第三，构图应达到使目光从一个物体引向另一个物体的要求，每一条实际或虚构的线条都要集中到主体上，这样，观赏者就会把繁杂的群像视做单一的实体；

第四，不要把主体或构图重点置于画面中央，不然画面会显得太松散，如果主体和其他的物体混成一体，整个画面就会使人感到乏味；

第五，要大胆，可以通过动态线条、对角线条、曲线和锯齿线条等使画面产生一种富有活力的印象；

第六，充分运用阴影作为构图的组成部分，使画面更富有生命力，它们可以用来加强被摄物体的形状，以及成为吸引观众视觉或唤起感情共鸣的线条。

50mm F8 1/125s ISO100

8.2 拍摄静物用光的技巧

8.2.1 表现静物的质感

质感的表现对摄影表现来说是最重要的因素之一。当提到质感的时候，首先想到就是石块、木头等的表面部分。从一个恰当的角度照射一块木纹很深的木头时，它就会出现如耕地一样的效果，这种明暗图样的转换就强调了木头的质感。当然一个图像的质感可以指代景色中更大更广阔的特征。不同物体质感的区别可以帮助观赏者了解图像的纵深和透视。想要表现物体的质感，首先就是选择合适的光源，调整光线的照射达到物体上的角度。光线径直打在物体上，仅仅可以表现很少的质感；一旦光线掠过物体表面，强烈的质感便会呈现出来。

65mm F8 1/125s ISO100
拍摄出静物产品的质感是最基本要求

8.2.2 表现静物的立体感

拍摄静物时要特别注意静物的立体感，一般从主体物的侧光给静物打光，可以形成由亮到暗的层次，从而更好地表现静物立体感。注意静物亮部与暗部的光比不要太大，应控制在3:1左右，能使背景的色调与主体和谐统一，这样有利于表现质感、细部层次。

65mm F13 1/125s ISO100
利用影子来体现静物的立体感

8.2.3 利用窗户光拍摄静物

静物摄影一般在室内进行，由于闪光灯的光线太过直白、生硬，不利于静物质感的表现，拍摄应尽量避免使用。而与日光灯和其他的照明灯相比，自然光还是具有最好的效果。窗户光是经过改造变得柔和、具有立体感的自然光，利用窗户光拍摄静物能够产生于与使用日光灯完全不同的效果。在拍摄体积较大的静物时，如椅子、床等，可以把相机镜头对准窗口，形成逆光状态，被摄体与窗口保持一定距离，使光线足够柔和，这样拍出的静物会具有质感和立体感，白色的墙壁因为明亮的窗口变成淡黄色，使整个画面略带童话般梦幻氛围。

50mm F2 1/60s ISO100
窗户光比较柔和，适合一些静物的拍摄

8.2.4 光对静物的塑造

通过布光表现静物产品造型主要指的是对产品立体感和表面形态（轮廓）的塑造。当拍摄物体的特写或近景时，最好运用正面补光来表现物体正面质感，曝光则以正亮度为宜，使造型效果更好。影响这方面表现的主要因素是光源的强度（或者说光比）和光照射的位置。

光的方向，在影室布光中指的是不同光位的光线照射，如顺光、侧光、逆光等，这些不同的光位，使静物产生明暗不同的变化，也使得色彩各不相同。顺光指拍摄主体的受光面，基本没有暗部，影调层次平淡单调，反差小，但色彩细腻平和，色调明亮。

50mm F8 1/40s ISO100
静物拍摄最好使用三脚架，保证画面的清晰度

8.2.5 选择光线角度

根据相机、被摄体和光源所处的方位，可从任何面捕捉到被摄体。当主光源很强时，如明亮的阳光，从相机来看光落在被摄体不同部位，会产生出不同的效果。可分为“正面光、45°光、90°光、逆光”四种基本类型的光线。正面光范围主要表现为顺光，45°到90°范围主要表现为侧光，90°到180°范围主要表现为逆光、侧逆光。

65mm F5.6 1/30s ISO200
侧逆光位置拍摄的餐具

8.2.6 光源位置的选择

光源的位置很有学问，像什么侧光、侧逆光等，而在实际拍摄中，光可以分为主光、辅助光、轮廓光、背景光等几种。

正确的布光方法，应该注重使用光线的先后顺序，首先要重点把握的是主光的位置，然后再利用辅助光调整画面上由于主体的作用而形成的反差，突出层次，控制投影。主光的位置可以在最前方，也可以在顶部，辅助光则可以在四周，甚至在底部，这是根据相机的位置来进行调整的。

50mm F8 1/100s ISO100
拍摄透明静物会使用逆光光线进行拍摄

8.2.7 使用反光板

反光板在摄影中可以说无处不在，就和拍摄人像一样。它用来减小景物的亮部与暗部之间的反差，对于拍摄静物也是一样。

静物摄影中，用反光板是给阴影中的静物添加光线的最简单的办法，增大或减小亮部与暗部之间的光比，塑造静物的形体、质感。反光板虽然有很多种，有的反光强，有的反光弱，有的反射暖色的光等。因为材质的不同，其反光的效果也是有很大差别的，但是用法是差不多的。根据环境需要用好反光板，可以让平淡的画面变得更加饱满、体现出良好的影像光感、质感。同时，利用它适当改变画面中的光线，对于简化画面成分，突出主体也有很好的作用。

55mm F11 1/125s ISO100
使用反光板给暗部进行补光，使画面的色调和谐

8.2.8 曝光补偿的使用

一般来说，景物亮度对比越小，曝光越准确，反之则偏差越大。如果是传统相机，胶卷的宽容度是比较大的，曝光的偏差在一定范围内不会有大问题，但是数码相机的CCD/CMOS宽容度就比较小，轻微的曝光偏差都可能影响整体的效果。

如今，相机大都具有内测光功能，在大多数情况下，按测光表提供的数据拍摄便可使多数底片获得基本正确的曝光，这是因为测光表读取的是18%的灰色影调，18%的灰色正是我们日常生活场景中的平均光线值，例如我们的肤色。但是正确曝光并不等于最佳曝光，尤其是对于白色的或明亮的物体占主导地位的画面时，单纯地按相机的测光数据拍摄则会出现明显的偏差，也就是说照片上的白色物体、明亮物体、黑暗物体所表现出的都是18%的灰，这样的照片自然不能令人满意。因此，在没有入射式测光表或灰板的条件下，曝光补偿有着极为重要的作用。常见的具有自动曝光功能的相机一般都有曝光补偿功能，而手动曝光的相机则需要通过对快门、光圈的控制来补偿曝光量。

45mm F8 1/125s ISO100 +1EV
增加一挡曝光补偿拍摄

45mm F8 1/125s ISO100
直接使用相机测光的数值拍摄

45mm F8 1/125s ISO100 -1EV
减少一挡曝光补偿拍摄。

100mm F11 1/100 ISO100

8.3 不同质地静物拍摄

8.3.1 透明体的拍摄

透明体，顾名思义，是一种通透质感的物体，而且表面非常光滑。由于光线能穿透透明物体本身，所以一般选择逆光、侧逆光等。光质偏硬，使其产生玲珑剔透的艺术效果，体现质感。透明体大多是酒、水等液体或玻璃制品。

50mm F8 1/125s ISO100
拍摄玻璃器皿需要表现出玻璃的透明效果

拍摄透明体很重要的是体现主体的通透程度。在布光时一般采用透射光照明，常用逆光位，光源可以穿透透明体，在不同的质感上形成不同的亮度，有时为了加强透明体形体造型，并使其与高亮逆光的背景剥离，可以在透明体左侧、右侧和上方加黑色卡纸来勾勒造型线条。图中就是用逆光形成明亮的背景，用黑卡纸加以修饰玻璃体的轮廓线，用不同明暗的线条和块面来增强表现玻璃体的造型和质感。当然在使用逆光的时候应该注意，不能使光源出现，一般用柔光纸来遮住光源。

8.3.2 反光体的拍摄

反光体表面非常光滑，对光的反射能力比较强，犹如一面镜子，所以塑造反光体一般都是让其出现“黑白分明”的反差视觉效果。反光体是些表面光滑的金属或是没有花纹的瓷器。要表现它们表面的光滑，就不能使一个立体面中出现多个不统一的光斑或黑斑，因此最好的方法就是采用大面积照射的光或利用反光板照明，光源的面积越大越好。

50mm F2 1/100s ISO100
抓住金属质感的反光体反差特别大这一特点进行拍摄

很多情况下，反射在反光物体上的白色线条可能是不均匀的，但必须是渐变保持统一性的，这样才显得真实，如果表面光亮的反光体上出现高光，则可通过很弱的直射光源获得。为了使刀和叉朝上方的一面受光均匀，保证刀叉上没有耀斑和黑斑，所以用两层硫酸纸制作了柔光箱罩在主体物上。

100mm F16 1/200 ISO100

8. 4 影调

8.4.1 高调静物

高调的静物摄影作品是以白到浅灰的影调层次占画面的绝大部分，加上少量的深黑影调。高调作品给人以明朗、纯洁、轻快的感觉，但随着主题内容和环境变化，也会产生惨淡、空虚、悲哀的感觉。

拍摄高调静物时，所拍主体必须是亮色调的，而且细部不多。照明时，灯光要散射和柔和，位置要尽量接近相机。要利用辅助光和反光板消除主灯光产生的阴影，拍摄时可以适当过量曝光。

一般的高调静物：

1. 高低反差大，对比明暗大，通常是黑白题材；
2. 利用某些主题颜色来表现主体，产生高调；
3. 色彩反差大，某些淡色彩的地方几乎是白色。

85mm F2 1/100s ISO100
拍摄高调静物时，背景色调应与被摄主体形成反差

8.4.2 低调静物

55mm F8 1/125s ISO100
低调静物拍摄，选择的背景要深暗

低调又称为“暗调”，它的基本影调为黑色和深灰，可以占画面的 70% 以上，给人以凝重庄严和含蓄神秘的感觉，有较为强烈的冲击力。低调多见于风光摄影中的日出和日落时的景色，或是运用在人像摄影中的老人和男性的拍摄中，以强调神秘的气氛和成熟的气息。低调的拍摄要求选择深暗色的拍摄对象，逆光和侧逆光是低调的理想光源角度。

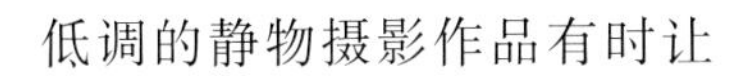

低调的静物摄影作品有时让人感到坚毅、稳定、沉着，有时又会觉得黑暗、沉重、阴森森。低调表现的感情色彩比高调更强烈、深沉。它伴随着作品主题内容的变化，显示着各自不同的面目。低调静物摄影作品通常采用侧光和逆光，使物体和人像产生大量的阴影及少量的受光面，有明显的体积感，重量感和反差效应。在人物表现中通常用在老人或威信很高的长者，当然也可以表现性格深沉的年轻人等等。表现物像的有雕塑群、纪念碑、古建筑中的庙宇等。

8.4.3 单色背景

50mm F11 1/125s ISO100
单色背景让画面简洁、突出静物主体

静物摄影大都采用单色背景，要有与主体有显著区别的颜色，如白色的台布，淡色的墙壁，深色的窗帘等。背影颜色若与静物比较接近，就应该利用自然光，也可利用灯光，原则上仍应保持一个主光源的阳光照明效果。但静物摄影的照明效果也允许有一定的假定性，这是与一般摄影不同的地方。过去，静物摄影大多偏重于画意的手法，过分追求结构、光线、影调和色彩的表现，与实际生活脱离太远。现在，应该多拍摄与现实生活有关的内容，这样才能赋予静物摄影以一定的时代气息。

8.4.4 色彩的搭配

色彩是一种很奇妙的东西，它不仅赋予画面不同的视觉冲击力，还赋予画面无穷的意味。景物与景物之间各异颜色的相互搭配必然会引起人们的色彩感觉，如果搭配不好，则会让人有反常的情绪。

拍摄静物之前，摆放静物其实就是一件非常难的事，它涉及你的审美修养。色彩能给人以欢快、沉闷、清爽、凉爽等感受，拍摄的时候经常会认为某个人的色感很好，其实就是在说他的一种感觉，对色彩的感觉。能够把握色彩之间的关系，才能更好地搭配色彩。

50mm F5.6 1/125s ISO100
利用色彩艳丽的彩笔摆放的画面具有很强的形式感

8.4.5 光圈影响景深范围

大家都知道景深的大小和光圈有着直接的关系，在焦距不变的情况下，光圈越大，景深越小，光圈越小，景深越大。

拍摄静物，光圈对表现景物的质感、颜色、形状至关重要，所以需要保证静物的各个部分最好都是清晰的，小光圈就可以使前后的景物都比较实。并且小光圈可以得到大景深，但是也不是绝对的，例如：拍摄一个杯子，如离杯子很近拍摄，后面的背景是拍不实的，所以离被摄体的距离也是控制景深范围的因素。

35mm F8 1/20s ISO100
小光圈拍摄的静物景深大，前后都比较清晰

8.4.6 快门影响画面清晰程度

怎样才能保证画面的清晰度呢？三脚架、小光圈、高品质相机、相机最好的拍摄格式、对焦清晰、快门速度等都可以保证画面的清晰度。

快门速度怎样来保证画面清晰是一个常见的问题，在拍摄物体时，物体难免会是运动的，这样就需要高速快门才能把物体给凝固住。如果不将景物凝固，物体就会模糊，摄影最基本的就是要拍摄清晰的画面，这样模糊的画面一般是不被观看者所认同的，除非这种模糊的效果是特意或是带有思想的。运动的物体，高速快门将其抓住，捕获动体的运动瞬间，可以让画面赋予强烈的冲击力。

45mm F4 1/250s ISO100
快门速度快，静物瞬间就会被凝固住

8.4.7 均衡和协调

创造性的静物构图懂得何时才算完美。完美的构图总是讲究均衡和协调。应该把被摄体有机地组合起来，以便突出焦点，而不是减弱焦点。创作具有均衡效果的静物构图是一种拍摄者本能的行为，而不是当拍摄者的视线从一个物体转向下一个物体时才认识到的。因为每个物体都应具有给下一个物体添加情趣的特性。

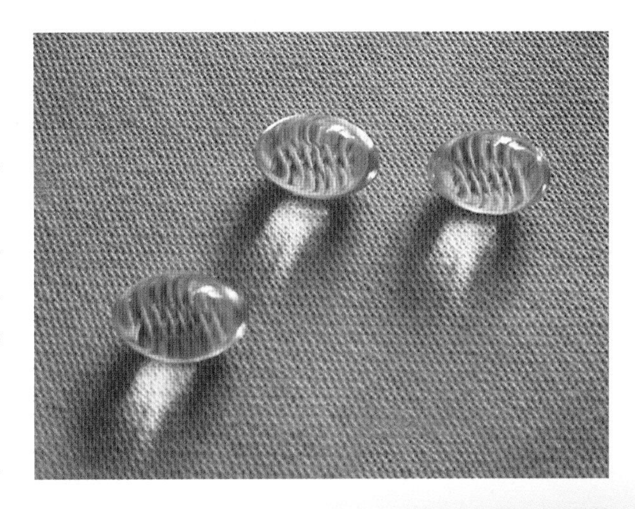

50mm F5.6 1/100s ISO100
均衡协调的画面让人心情愉悦

第9章 生态拍摄技巧

摄影领域除了人物、风景、静物等，还有生态拍摄，它包括植物、动物、昆虫、微生物等有生命的物种。本章就对生态摄影技巧进行介绍，让你把身边的花花草草和小动物们进行描绘。

9.1 拍摄动物的通用技巧

9.1.1 手动设置相机的好处

拍摄动物时，有些情况下，曝光会变得比较复杂，需要进行手动设置。而且掌握相机的手动功能后，自己手动设置光圈、快门、曝光补偿等，对于具有较高要求的业余爱好者的技术提高有很大帮助。例如要拍摄雪地里的一只棕色的狗，因为白色的雪面会反射大量的光，传感器也会相应地按照亮的光线来设置曝光参数，这样的曝光组合拍摄出来的照片会曝光不足。这就需要拍摄者自己设定曝光组合，并使用曝光补偿来增加狗的曝光量。所以熟练地掌握手动设置，可以拍到自动功能无法拍到的画面效果。

85mm F5.6 1/350s ISO100
手动对焦拍摄，就不会因为小狗的跑动对不上焦

9.1.2 “小”中见“大”

目前大多数的数码相机都有一个“微距模式”，这个功能可以离小动物很近时拍摄，对于拍摄昆虫等一些小的动物非常有用。利用微距镜头可以拍摄那些很小的动物，它们也非常的漂亮。微距镜头拍摄的效果可以使它们呈现在整个画面中，有一种“小”中见“大”的感觉。微观的世界不是我们经常用眼睛所观察到的，如果利用相机把微观的世界展现出来，会给人强烈的冲击感。小的景物也可以反映出整个景物。例如：通过微距拍摄蜜蜂的某个局部，我们同样能辨别出拍摄的景物是什么，而且冲击力还很强。

100mm F4 1/125s ISO100
平常看似很小的蚂蚱，用微距镜头把它放大，就会得到冲击眼球的照片

9.1.3 独特视角

一般的动物的高度都比人低的多，选择合适的视角拍摄它们是成功拍摄动物照片的一个关键因素。如果想用大自然的比例再现它们，最好拍摄它们时与它们平视拍摄。不同的视角能展现不一样的效果，视角低，物体就会显得高大，视角高，物体就会显得矮小，拍摄时的角度通常与人眼的视角相符合，有时候稍微改变一下会得到意想不到的效果。

35mm F2 1/60s ISO250

85mm F3.5 1/100s ISO200

105mm F4 1/450s ISO100

45mm F2 1/60s ISO400

9.2 拍摄宠物的技巧

9.2.1 做好拍摄准备工作

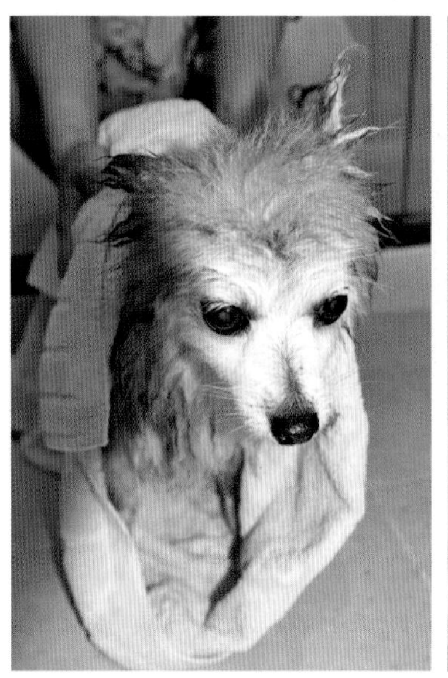

45mm F3.5 1/100s ISO200
拍摄前先给宠物洗个澡，等它们的毛干了再拍摄

宠物照相和人照相一样，在拍摄前都需要好好整理一下，拍出来的照片才更漂亮。

首先，要给宠物洗个澡，一定要洗得很干净，有条件的可以去做做美容。当然宠物化妆和人是不一样的，不需要给它们涂粉、擦口红什么的，而是把它们身上的脏东西清理干净就好了。想拍摄宠物各种美好的瞬间，宠物的主人需要很好地配合，因为拍照的时候宠物主人是最能逗宠物高兴的。再就是拍摄者的准备了，拍照时候经常要趴在地上拍，很容易把衣服弄脏，建议不要穿最喜欢的或价格不菲的衣服。在拍摄模式上可以设置连续对焦模式。

9.2.2 使用长焦镜头拍摄特写

拍摄动物的局部特写需要在动物安静的时候，如果是家养的宠物可以趁它们熟睡的时候用微距镜头来拍摄，因为微距镜头拍摄动的的东西经常会失焦，而且近距离地接近醒着的动物，它们是不会乖乖地让你拍的。所以也可以使用长焦来拍摄，长焦镜头可以将远处的东西拉近，这样就可以不用近距离接触宠物，在远处也不会引起它们的注意，可以随心所欲地抓拍。同时也可以让人在近处逗它，以让宠物表现出你想要拍到的表情或姿势。如果要拍摄野生动物的特写镜头，就只能使用长焦镜头或者望远镜头，焦点对准它们的眼睛。

100mm F4 1/250s ISO100
长焦镜头能把背景都虚化掉，只突出宠物的局部

9.2.3 怎样拍摄到好的瞬间

75mm F4 1/350s ISO100

动物也有自己的喜怒哀乐，有表达自己情感的方式。拍摄动物主要是为了表现它们可爱的姿态、敏捷的动作，以及富有感情的表情，这些都是非常精彩的瞬间。例如宠物狗跳起来叼扔出去的飞盘，或者无意中煞有介事地摆了个具有人类神态的造型；猫咪则是所有宠物中最可爱、最优雅的一种，尤其是小猫，他们把一切动的东西都当成猎物，无时无刻不在练习抓捕的本领，这些都是不容错过的瞬间；它们偶尔安静下来舔爪子和洗脸的时候更是有别样的趣味。要拍到这些精彩的瞬间，首先就要对他们的生活习性有所了解，并且请它们的主人协助。

75mm F4 1/350s ISO100
拍摄猫的时候可以扔给它一些东西，它会自己跳起

9.2.4 高速快门抓拍宠物

高速快门可以凝固住比它运动慢的物体，凝固的瞬间，动物的各种姿态很漂亮，画面的冲击力也会很强；高速快门能够把运动的主体物凝结得清晰可辨，慢门速度可以让动的主体物虚幻模糊。

8mm F5.6 1/400s ISO200
告诉快门凝固住猫跳起的瞬间

拍摄动物类照片，快门速度的设置是非常重要的，根据动物跑、飞翔的速度，我们要合理设置快门速度，才可以把运动中的动物给凝固住。快门速度的设置非常关键，如果快门速度慢于镜头焦距的导数值，拍摄的动物就会不清晰，而是模糊的，会使图片质量大打折扣。

9.3 拍摄野生动物的技巧

9.3.1 灵活地使用三脚架

三脚架并不是仅仅是在弱光条件下使用，在拍摄野生动物和鸟类或者是动物的特写镜头时，由于拍摄距离较长，一般要用长焦镜头。我们知道，长焦镜头的重量比较大，手持不容易拿稳。像1000mm折返镜头，重量达2.5公斤，手持拍摄时要想不发生抖动是不可能的，因此必须使用三脚架。好的三脚架对于提高画质有很大的帮助，在使用时，可以稍微调松角架云台，使镜头能够有一定的转动性，便于跟踪拍摄。拍摄快速飞行的鸟时，可用独脚架来代替三脚架，虽然稳定性稍显不足，但可以更方面地构图、追拍。

135mm F4 1/500s ISO100
把相机固定在三脚架上拍摄远处的动物，注意不要把云台锁住，让它能自然地保持水平滑动

9.3.2 怎样拍摄出清晰的动物

动物它们总是在不停动着，尤其是你拿着相机在它们面前晃动时，它们在强烈的好奇心驱使下，会很快向你走来，拍摄出来的画面很容易出现重影或者模糊。因此想要拍摄出清晰的动物照片，要从多方面把握。首先要想办法让动物安静下来，拍摄时选择比较隐蔽的位置和角度，尽量不要引起它们的注意，使它们保持在想要拍摄到姿势。如果是拍摄运动中的动物，则需要使用高速快门，高速快门可以凝固住比它慢的物体，凝固的瞬间的各种姿态会很漂亮，画面的冲击力也会很强。

200mm F5.6 1/250s ISO200

9.3.3 在动物园拍摄出野外的感觉

动物园中的动物和野生动物在外表上没有任何区别，你在动物园中也可拍出野外的感觉。方法很简单，使用长焦镜头远距离进行拍摄，不要打搅到它们，长焦镜头的大光圈可以使周围的景物虚化，看不出是在动物园。拍摄动物时，对准它们的眼睛对焦，成像锐利的眼睛可以使它们表现出更强烈的野性。另外构图时不要太紧，尽量不要全身取景或者充斥整个画面，应给它们行走方向留有一定的空间，这样就不会有深陷牢笼的感觉。事实上，现在的野生动物园都是游人在笼子里，而动物是放养的，这样可以更加方便地拍出野外感觉的照片。

100mm F4 1/125s ISO100
避开动物园里的现代建筑和垃圾桶等景物，以树林为背景就可以拍摄出野外的感觉

9.3.4 拍摄动物要等待合适的机会

动物是一个令人兴奋的摄影题材。但因为动物就像婴儿一样，无法与它们沟通，就像古语说的“不要与小孩和动物共事”。所以不能要求它们按照拍摄者的意愿来摆姿势，只能采用抓拍的方式。所以要拍出好的动物照片，必须了解它的生活习性且具备足够的耐心。拍摄动物的最好方式就是，根据动物的个性和所希望捕捉到的特质来等待合适的时机，并能够迅速地抓住这个机会。

200mm F4 1/350s ISO100
两只鸟一起扇动着翅膀在水面上掠过，画面氛围就比较浓厚一些

9.3.5 如何选择快门速度

拍摄运动中的动物是一个难点，在拍摄时，快门速度是需要保证的一个重要环节，一般1/250s或是更快的快门速度可以保证拍摄运动中的动物也能获得清晰的图片。在相机的设置里可以选择光圈先决模式拍摄，这样相机就会以恒定的速度来自动设置光圈的大小。也可以选择运动模式来拍摄，这种模式下，相机会自动选择一个比较高的快门速度来拍摄，以保证运动的物体不会虚。根据运动中动物的速度来设置快门速度以保证画面清晰，如图中的飞鸟张开翅膀在空中滑翔，作者就用1/450s的速度将它张开翅膀的瞬间凝固下来。

200mm F8 1/800s ISO200
高速快门把扇动翅膀的鸟完全凝固住了

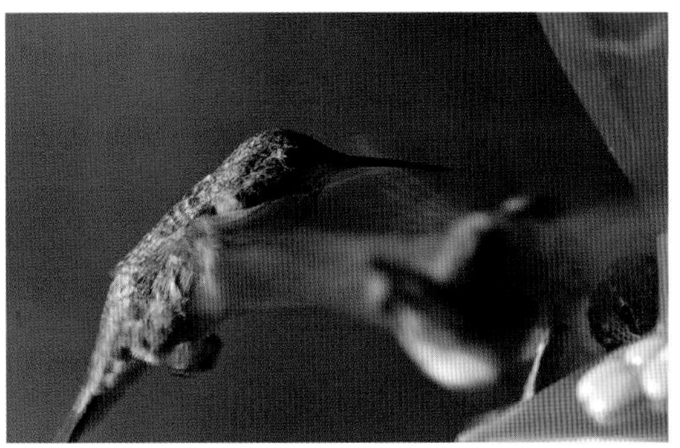

135mm F4 1/200s ISO100
快门速度稍微慢一些时，扇动的鸟的翅膀呈现了虚化效果

9.3.6 抓拍感人瞬间

动物是很可爱的，它们的情感世界里也有喜怒哀乐，更有浓厚的亲情，还有时不时的不太友善，甚至发生争斗……

这样的情形无疑是拍摄它们的亮点，抓住感人的瞬间，捕捉美好的画面。在拍摄完一系列动物的照片后翻开看时，你会发现眼前彷佛再现的是一连串激动人心的故事。筑巢立家，再到繁衍后代，张嘴捕鱼……直到小鹭鸟升空飞翔，这个过程多姿多彩，非常有趣。为了要拍摄到动人的画面，我们需要仔细观察，去发现耐人寻味的情趣，避免画面上只有呆呆的形单影只、孑然一身的鹭鸟。

100mm F4 1/350s ISO100
通过拍摄动物的行为状态表现感人的瞬间

9.3.7 拍摄背景的作用

野生动物脱离不了赖以生存的空间和自然环境。拍摄时不要忽略背景的存在，画面背景杂乱无章会破坏整个画面，如果背景夺目耀眼则会喧宾夺主。在背景的处理上可以选择单一或近似色作为背景，也可以根据主体与背景光比较大的情况，采取过曝或欠曝方式弱化背景,还可以通过调节光圈的方式来虚化背景。

在选择拍摄背景时还有其他的办法虚化背景：一是拉大主体物与背景之间的距离，二是缩短相机与主体物之间的距离，三是利用天空作背景，四是利用深色树木压暗背景，五是采取追随拍摄的方法使背景虚化。

135mm F3.5 1/450s ISO100
简洁的背景凸显出小狮子的形态

9.3.8 感光度与测光

要使运动的动物拍摄得清晰，首先需要保证快门速度。快门速度的高低，除了取决于镜头光圈和现场光照外，还涉及感光度。针对天气和场景的光照明暗程度，合理地调整相机的感光度。使用快门速度的高低，与外界的光照有很大的关系，高速快门能够把运动飞快的主体物凝结得清晰可辨，慢门速度可以让运动的主体物虚幻模糊。感光度也要慎用，众所周知感光度越高噪点越大，一般在拍摄鸟类时感光度设定在ISO200至ISO800之间就可以了。数码单反相机即拍即看的特点，使得我们也不需要依靠测光表。拍摄鸟类，测光和曝光的组合也是很重要的，应以主体物作为曝光的依据。鸟类的形体有大有小，但是它们的羽色大都是白如雪，在拍摄时若局部测光方式，应以鸟为准；若以重点平均方式测光，应在测得的基础上适当增加曝光。

200mm F4 1/500s ISO200
拍摄动物时为了活动更高的快门速度，适当提高感光度

9.3.9 逆光拍摄动物

逆光拍摄是一种具有很强表现力的拍摄方法。逆光时，光与影的对比更加强烈，画面表现出的反差较大，很容易产生立体感。对于拍摄动物而言，逆光拍摄不仅可以勾画动物清晰的轮廓，也可以使动物的皮毛发亮，显得格外漂亮。

在逆光拍摄的时候注意曝光，往往会因为主体物后方明亮而降低曝光量，而使主体曝光不足。如果这样的话可以利用闪光灯补光来给主体增加光线，使画面效果更好。

135mm F2 1/400s ISO100
在逆光的位置拍摄，会在动物的边缘形成轮廓光

100mm F2.8 1/125 ISO200

9.4 植物篇

9.4.1 利用光线拍摄植物

逆光拍花卉

在拍摄花卉时，要注意以下几点：

1、曝光时要以拍摄主体的曝光量为依据。

2、逆光拍摄花卉、植物、人物、动物等轮廓清晰、质感透明的景物时，应选择较暗的背景予以反衬，曝光时以高光部位为测光依据，以造成较强的光比反差，强化逆光光效，达到轮廓清晰，突现主体的艺术效果。

3、拍摄剪影效果时，应以明亮的背景亮度作为曝光依据。

4、相机对着强光源时，要注意眩光的影响。可以使用遮光罩或手等在镜头前遮挡，避免眩光产生。

85mm F4 1/250s ISO200
逆光位置拍摄红叶，叶子会特别透亮

如何准确曝光

拍摄花卉时，曝光是一个很重要的问题。拍摄时，可以通过试拍的照片作为参考，以手动曝光调整各项参数，也可以使用曝光补偿功能。背景亮度高时，一般要 +0.5 或 +1 档的曝光量；背景亮度低时，一般要 –0.5 或 –1 档的曝光量。具体补偿参数需要根据背景与花卉的反差来进行确定。还有一种方法就是：使用点测光对花卉进行测光，然后再增加 0.5 档曝光量。可以准确地捕捉花卉的质感和纹理，展现它们的娇艳之美。

85mm F2 1/450s ISO100 +1EV
增加一档曝光量

85mm F2 1/450s ISO100
相机直接测光后曝光

85mm F2 1/450s ISO100 -1EV
减少一档曝光量

拍摄花卉光线要运用恰当

光线也是花卉照片成功与否的关键，光线选择和运用不恰当，最终会导致照片没有质感和层次感，要么曝光过度或曝光不足，要么亮部与暗部反差大。

光线有强弱之分，光线过强或过弱都不行，尤其是光线不足的情况，照片层次损失。一般来说，早晨的光线入射角度小，质量好，使照片有一种特殊的柔和感；中午的光线入射角度大，不好控制，但在突现立体感时能派上用场；黄昏前后，光线入射角也小，但变化速度快，要抓住时机，及时拍摄。

100mm F3.5 1/400s ISO100
柔和的光线表现出花卉的质感

100mm F4 1/400s ISO100
清晨的时候拍摄光线比较柔和

75mm F4 1/450s ISO100
中午的时候光线比较硬，花卉比较有立体感

9.4.2 花卉的构图

黄金分割法

黄金分割法在大多数情况下都是比较和谐、舒服的一种构图方法，但也不能每张照片都用这种构图。一幅优秀的摄影作品，不仅要有深刻的主题思想和内容，同时还应具备与内容一致的优美形式和协调构图。每一次拍摄都需要构图，构图的好坏往往影响最终画面，初学者学会黄金分割法，对在日后的拍摄中帮助会很大。这种构图方法虽然好，但是不能什么样的景物都这种构图，千篇一律的构图会让人反感并感到无味。构图在摄影里没有定律，它是决定成败的关键，虽然其很容易完成，但也是较难的一种技巧。

55mm F2 1/350s ISO100
把主体花卉放置在黄金分割点的位置

135mm F2 1/400s ISO100
把主体花卉放置在黄金分割点的位置

用虚实控制构图

花卉拍摄中，最重要的就是虚实关系了，它是构图中一个较为特殊的表现手段。图像中对比的语言是画面成功地关键因素，合理的运用虚实对比，可以突出主题并喧染艺术氛围。技法上，要求实的聚焦必须主体清晰、逼真；而虚焦是要去掉影响主体的不必要的景物。那如何产生虚实的艺术效果呢？现在我们可以回忆一下以前学习的处理景深通常使用的方法：最近距离拍摄，最大光圈设定，最长焦距镜头。这三点都是我们拍摄最小景深所必备的条件，也是花卉画面构图所必备的。

135mm F4 1/250s ISO100
使用长焦镜头通过虚实对比表现主体花卉

变换视角控制构图

变换视角是指拍摄时多尝试照相机与花卉两点之间在直线、平视线或垂直线所构成的角度。因为被摄景物都是存在于三维空间中的，所以相机放置的空间位置、角度稍有不同，照片的效果就可能大相径庭。相机的空间位置由相机与拍摄对像的拍摄距离、拍摄方向、拍摄高度三个因素决定，不同的空间位置决定了多样的花卉表现形式，不同的摄影角度，也会对构图产生很大的影响。因此，拍摄花卉第一步就是选择最佳拍摄视角，所谓“失之毫厘，谬以千里”，在拍摄时要仔细观察，不惜时间与精力进行多种视角的尝试，做到有所突破，有所创新。

80mm F4 1/250s ISO100

75mm F4 1/450s ISO100

200mm F4 1/350s ISO100

45mm F5.6 1/400s ISO100

拍摄花卉不要俯拍

要想拍摄出具有视觉冲击力的照片，就要去找到不寻常的视角，只有独特的视角才能冲击人们的心灵，而平时常见的情形是最容易让人忽略的。花卉的拍摄也是这样，平时看路边的花朵，都是以俯视的角度来看花卉的正面，如果以同样的视角来拍摄它，恐怕所有人都会认为平淡无奇。所以拍摄花卉时不要俯拍，尝试以平时人们不常见到的视角。例如俯下身子，与花朵水平或稍高的视角进行拍摄。不要怕弄脏双手和衣服，这样拍出的花朵，花瓣错落有致，更具立体感，而不像俯拍的那样，花瓣都在一个平面上。

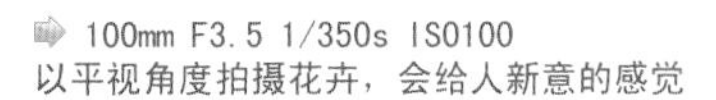

100mm F3.5 1/350s ISO100
以平视角度拍摄花卉，会给人新意的感觉

9.5 拍摄植物的技巧

9.5.1 拍摄主体要明确

能否发现有特点的被摄体，直接影响摄影作品的效果。对被摄体，特别以花作为被摄体摄影时，要拍出与一般摄影不同的特写摄影的效果。平时经常看到的花，存在许多未被人注意到的奇异造型。对这些被摄体的发现确实令人感慨万分。作为被摄主体的花，颜色绚丽，形状千变万化，作为拍摄者，每当看到富有神秘色彩、不可想象的形状的花时，都会产生拍摄的愿望，目不转睛地注视取景器中的风景，直至心满意足为止。如此有吸引力的花之摄影是不言而喻的，进一步深入到花的造型世界也更富有魅力。

50mm F8 1/200s ISO100
单一的背景上出现了一片黄色的叶子，很容易表现出主体物的存在

9.5.2 拍摄出清晰的花卉

想要拍摄出清晰的花卉，要注意以下两点：

1. 相机要稳。由于花卉摄影多数都是拍摄相对较小的花卉。所以任何一点的机震都能影响画面的清晰。所以三脚架的使用在这里极为重要，除了可以尽量避免震动，还可以帮助你精确构图。

2. 花卉本身的摇摆。在拍摄过程中，花卉总会随风摇摆。这时拍摄的快门速度就显得格外重要，如果过分增加快门速度，光圈必定要增大，景深就会减小。在拍摄花卉时，光圈和快门要有选择地进行增加或减少，以保证主体物拍摄的清晰。

85mm F4 1/450s ISO100
为了保证花卉的清晰度，花卉还在颤动的时候不要拍摄

9.5.3 虚化背景突出主体

如果不想以简单的景物作为背景，那么采用大光圈和长焦镜头拍摄花卉，是一个非常不错的选择。让背景影像模糊，以衬托清晰的主体，主体的形状也会因此而分明。另外，还可以借助光线所形成的投影效果，表现花卉婀娜多姿的美丽。虚化的背景也存在景深的大小，过分虚化很容易突出主体，略微虚化背景画面的空间感非常好，也可以很好地表现主体景物，背景起到了衬托的作用。如果你觉得背景还不够虚化，那么就走近被摄体，近距离拍摄花卉，背景会尽可能被虚化掉。

135mm F4 1/350s ISO100
使用大光圈和长焦镜头来虚化背景

9.5.4 千万别吝惜使用大光圈

如果你的镜头是大光圈，那么千万不要浪费了，因为你可以拍摄出那些没有大光圈镜头的人怎么都拍摄不出的照片。大光圈镜头能最大化地虚化背景，突出主体细节，并在整体上形成立体空间的纵深感。虽然光圈越大，景物虚化越彻底，细节也越突出，但是决不可极端地使用大光圈。因为大光圈虚化景物景深很小，能清晰显示的部分是有限的，几乎是个平面，这样会损失立体感。其次，当镜头光圈被开到最大时，照片画质并不是最好的，因为数码单反相机在大光圈下容易出现噪点。而且大光圈对焦并不是很容易，自动对焦不容易对准，应尽量使用手动对焦，并使用三脚架保证相机稳定。

65mm F8 1/250s ISO100
如果用中等光圈，在一个平面上拍摄的景物相对比较清晰

65mm F2 1/400s ISO100
近距离使用大光圈拍摄，背景会虚化得很厉害

9.5.5 使用变焦镜头拍摄

植物摄影一般都是近距离的特写镜头，即使是这样，在镜头的选择上也不需要一定使用微距镜头，使用被称为万能镜头的变焦镜头也能够拍出漂亮的特写。使用变焦镜头可以在不改变拍摄距离的情况下，把其放大到充斥整个画面。由于是特写，需要突出主体，这样就要缩小景深。使用变焦镜头可以使焦点只对准植物，把背景直接放在焦点之外，使用光圈优先模式，并使用最小光圈，放慢快门速度的方式进行拍摄。这样拍出的照片可以使背景模糊，让花朵从背景中分离出来，具有较强的视觉冲击。

65mm F3.5 1/400s ISO200
使用中等焦距镜头拍摄的花卉

135mm F3.5 1/400s ISO200
使用长焦镜头拍摄的花卉

9.5.6 用微距镜头拍花卉

要想将被摄体的影像按照1:1的比例复制出来，只有微距镜头可以做得到，专业摄影师拍出的一些具有神奇效果的植物局部特写都是用微距镜头拍摄出来的。微距镜头拍摄植物一般表现的都是植物的局部或细部特征，这就需要对照片进行细致的裁剪，就破坏了植物的完整性，而照片仍然想要具有强烈的艺术表现力和美感，必须有完美的构图、精细的质感、巧妙的用光和神奇的色彩来烘托主题，深化意境。微距镜头拥有很小的景深，任何微小的抖动都会影响构图的精确和画面的清晰，因此拍摄时需要使用三脚架。

100mm F3.5 1/250s ISO100
使用微距镜头拍摄植物的局部

9.5.7 选择单独的花朵进行拍摄

花团锦簇的花丛和争奇斗艳的花束总是能透出火热的激情和热闹的氛围，而拍摄单枝的花朵则有着完全不同的意境和感觉，有一种艺术品的精美感和一枝独秀的清高和骄傲，表现了不落于流俗的个性与张扬。因此拍摄单枝的花朵成为一种流行的趋势，这种拍摄方式在构图、布光和色彩上都要求摄影师具有不俗的艺术品位。拍摄单独的花朵一般设置单色背景，通常是白色和黑色，而不是自然中的绿色。明晰的细节和强烈的色彩在这样的背景下会使花朵超级真实和突出。这种背景也非常容易得到，把一张黑色或者白色的卡片放在花的后面就可以了。

50mm F2 1/350s ISO100
在你拍摄几朵花卉的时候，如果不容易分清主体物的存在，可以选择其中一朵来进行拍摄

9.5.8 近距离拍摄花卉

近距离拍摄，也是植物摄影的主要的技法之一。与植物保持较近的距离，能更加细致地观察，也就容易拍出较好的图片。从构图上讲，越近的距离拍摄，画面就越饱满；从技法上讲，近距离进行拍摄，能使被摄主体的聚集距离更近一些，图像更大一些；从影像来说，越近拍摄，画面越具有抽象的艺术语言。

50mm F2 1/250s ISO100

65mm F2 1/450s ISO100

65mm F3.5 1/200s ISO100

50mm F2 1/350s ISO200

9.6 拍摄花卉你需要做的

9.6.1 怎么才能弄到漂亮的花

俗话说“巧妇难为无米之炊”，要想拍出漂亮的花卉照片，首先要有漂亮的花朵。虽然路边的野花也可以拍出不同于肉眼看到的独特画面，但毕竟野花的种类有限，且花型一般较小。像玫瑰、百合这些艳丽名贵的花在路边是没有的。植物园中的花卉种类比较多，可是拍摄时也会遇到一些问题。比如室外种植的花朵，没有经过任何处理，风刮日晒，上面可能落满灰尘，而且植物园的花一般只能远观，不能随意进入花丛中寻找好的花型和拍摄角度。想要解决这些问题，你只要到花店里做稍微的“投资”就可以了，可以挑选、购买没有任何瑕疵的花朵，在室内或室外任何角度拍摄。

100mm F4 1/450s ISO100
可以将购买的花卉带到公园里去拍摄

9.6.2 制造下雨的场景

前面讲拍摄花卉的最佳时间中已经提到雨后拍摄出的花卉，具有独特美感和意境。而拍摄这种照片需要耐心等待时机，这多少有点不能让人尽兴。但在拍摄花卉的大特写或者局部特写时，可以不受这个限制，自己制造出雨后的情景。方法很简单，就是外出拍摄随身带一个喷壶，拍摄前对着鲜花喷洒，一朵雨后带露的娇艳花朵就出来了。喷壶不需要太大，甚至不用花钱去买，那些带喷嘴的化妆水空瓶或者空香水瓶都可以灌上水当喷壶用，而且完全不会占据你摄影包中的地方。并且水源随处可以找到，带上空瓶也没有关系。

135mm F2 1/250s ISO100
用手或是喷壶给花卉喷洒水营造出雨后的效果

9.6.3 拍摄最佳时间的选择

200mm F2 1/350s ISO100
郁金香需要在其绽放的季节拍摄

在晴朗的天气里拍摄花卉，一般选择在清晨，因为光线强烈的时段是任何摄影的禁忌，而且强烈的阳光可能冲淡花朵艳丽的颜色。而傍晚时花朵会有些枯萎，显得萎靡没有精神。所以早晨是最好的拍摄花卉的时间，光线柔和，花朵颜色新鲜茂盛，采用侧光或者侧逆光拍摄，花朵的质感和立体感都会有较好的表现。另外有云的阴天也可以达到这样的效果。拍摄花卉还有一个魔幻般神奇的时刻，那就是雨后，经过雨水的洗礼，花朵和叶子上的灰尘都被冲掉，颜色显得特别浓重，反差明显。特别是花朵上残留的雨滴，这样的画面能使人深切地体会到什么是娇艳欲滴。

9.6.4 选择开放时节拍摄

拍摄花卉时应该把握好时机，选择在花蕾含苞欲放、初放或盛开的阶段进行。这样才能使花卉展现出生机勃勃的状态。

很多花的花期较短，所以在拍摄时应该根据实际情况选在早晨或上午，花卉经过一夜的休眠，精神饱满、神采奕奕。而花期较长的花卉，在一天中的变化不大，上、下午都可以拍摄。

与一般自然景物拍摄不一样，略微阴暗的天气有时更能凸显花朵的形态和色彩，比起天气晴朗的日子，略微阴暗的天气更容易拍摄到鲜花盛开的色泽。不过在阴天拍摄，由于光线不足，应准备好三脚架。

135mm F2 1/250s ISO100
了解花卉绽放的周期对拍摄花卉有很大的帮助

第10章 其他分类摄影

本章将介绍除了常用拍摄之外的一些摄影类别，如：建筑、人文纪实、翻拍、商业摄影等。本章主要是帮助大家来了解这些类别的摄影中应该注意的最基本的问题。

10.1 建筑摄影

10.1.1 普通畸变

由于镜头产生的畸变，拍摄建筑物时都会遇到近大远小的透视问题，为了消除这种变形，无论是使用专业相机，还是普通相机，调整相机的水平及垂直以及保持相机与建筑物一定的距离可以有效地还原建筑中多变的线条及复杂的构成。但是这种方法仅仅适合较低的建筑物，如果针对现代城市中的高楼，或在拍摄中由于前景过多的杂物和特殊的地理位置而导致无法退后拍摄时，就需要选用专业单反相机和镜头进行拍摄。

35mm F11 1/500s ISO100
低视角拍摄高大的教堂，产生了透视变化

10.1.2 专业调整水平及垂直角度

使用移轴镜头可以有效地调整较高建筑物的水平及垂直角度，除此以外，使用 4×5 英寸以上的底片或具有更大分辨率的大画幅相机，除了具有更大的底片和更为清晰的图像外，还有一个主要的功能就是拍摄建筑，因为其聚焦平面与成像平面的光轴可任意改变位置和角度，从而解决了建筑在普通相机前所产生的透视变形问题。因此，大画幅相机能够更好地满足真实还原建筑造型的拍摄效果。此外，大画幅相机可将前景与后景都采用大景深控制，使其保证全部清晰，这也是建筑摄影中常用的技法。

35mm F8 1/800s ISO100
普通相机拍摄的建筑有透视变化

35mm F8 1/800s ISO100
使用大画幅相机拍摄的建筑横平竖直

10.1.3 近距离透视拍摄

前面提到，但凡拍摄建筑物要保证水平及垂直，但是，针对一些造型特殊的建筑物，也可以尽量靠近并用广角拍摄，用近大远小的透视感来增强它的雄伟气势，而不必拘泥于某些特定的法则，要做到活学活用。

35mm F11 1/250s ISO100
贴近墙体拍摄，其透视变化就是一种很好的构图

45mm F8 1/500s ISO100
离建筑物越近，透视变化越强烈

10.1.4 建筑细部拍摄

多数的建筑物，由于其具有不同的功能性，在不同角度、不同表面、不同视点，展现不同姿态。当你仔细观察被拍摄的建筑物时，就会发现建筑物本身无论雄伟、高耸，还是流畅、优雅，或者自然、协调的气息，最终都被建筑物所呈现出来的细节中传达。因此，在拍摄时，除了要用相机表现建筑独到的艺术境界外，另外一个方面就是关注其细节及技术设计所体现的严谨和精致。

100mm F8 1/500s ISO100
用长焦镜头对建筑物的局部进行取景

28mm F11 1/60 ISO400

10.1.5 围绕同一建筑物进行拍摄

无论是任何一个被拍摄的建筑主体，永远不要满足用一个角度和一种光线进行拍摄。在不同的季节，用多种视角观察下的景物，会散发一种别样的气氛和另类的情调。拍摄此类照片所需要的建筑物本身不需要很华丽，也不需要它具有何种纪念意义，它只要是你能够经常见到的一栋普通的建筑即可，你所需要做的就是配合建筑物的环境营造多样的氛围。

24mm F11 1/250s ISO100
在春天花卉开放的时候拍摄的大楼

35mm F11 1/500s ISO100
冬天的雪景里拍摄的大楼

45mm F8 1/350s ISO100
利用楼前的水池拍摄大楼的倒影

45mm F11 1/350s ISO100 利用接片的方式拍摄的大楼

10.2 人文纪实摄影

10.2.1 黑白照片

纪实摄影一般都是以黑白照片的形式呈现在画框里，作者并不了解这是为什么。不过，这样存在可能有着一定的意义。

摄影最初就是以黑白的形式而诞生的，黑白摄影和彩色摄影，除了在色彩上的区别外，其思想性还是有很大差别的。黑白摄影将世间万物的颜色去掉，只留下黑、白、灰三种色调。尽管彩色摄影有绝对的优势，让万物呈现绚丽的颜色，然而黑白摄影在记录和表现事实方面仍然拥有它独特的艺术魅力。

75mm F3.5 1/350s ISO100
抓拍唱秦腔的大爷微笑的瞬间

10.2.2 抓拍

在拍摄这类照片时，应在具有场景环境和情节的情况下进行抓拍，照片就不至于死板、生硬。拍摄时，选择长焦镜头或变焦镜头的长焦端，这样可以保证拍摄者与被摄者之间保持一定的距离，以免影响被摄者的活动。

50mm F2 1/250s ISO100
抓拍人物的表情、神态

100mm F2.8 1/300 ISO200

10.2.3 跟拍

跟拍是纪实摄影里的一种拍摄的方式，它围绕一个被摄主体进行跟踪拍摄，目的一般是完成一个纪实的图片故事或是一个专题报道。

如果需要跟拍，你应准备一款变焦镜头，将相机曝光模式转到“程序曝光”模式待机以提高反应速度。这样在跟拍选定对象时，随时可以举起相机进行拍摄。

跟随工地上的一群人，在各种角度进行拍摄

10.2.4 盲拍

纪实摄影需要拍摄者具备思想性，然后利用相机的镜头去表现的思想。有的时候会存在思想空白的情况。这个时候虽不利于拍摄纪实内容的照片，但是可以盲拍一些照片，然后从这些照片中寻找出线索，找出一些符合拍摄思想的照片。盲拍的好处就是不用通过人眼观察后取景，只要将镜头大概朝向某一区域，然后按下快门进行拍摄。采用这种方法拍摄时，需要使用广角镜头，以便将更多的景物摄入画面，然后在画面中寻找精彩的亮点进行裁切。

50mm F4.5 1/250s ISO100
采用手动预估对焦方式盲拍

10.3 特殊摄影

10.3.1 翻拍绘画和照片

翻拍绘画和照片的要点是一样的，即保证相机成像平面与所要拍摄物体的表面平行。绘画作品如卷轴、壁画和画册等拍摄时需要注意以下几点：

拍整幅也要拍局部

拍整幅也要拍局部。在局部特写拍摄时，一定要考虑内容和构图的相对完整性。构图上下不要太满，应留有适当的余地，以便根据需要剪裁。

拍摄光线要均匀

光线要均匀。大面积的画幅面，不能深浅不一。光线一边强一边弱或有亮光反射都会影响拍摄的效果。所以最好不要依赖自然光照明，而应用两只相同的灯成 45°角从相机左右两边等距离同时照明，并用细纱或白纸使之散射。

切忌拍摄的画面变形

拍摄的画幅切忌变形，不能上小下大或左窄右宽。绘画和取景器必须平行，确切地讲拍摄时镜头光轴要同时垂直于绘画和胶片（CCD/CMOS）。

50mm F11 1/250s ISO100
翻拍时最好使用三脚架固定相机

50mm F11 1/250s ISO100

10.3.2 拍摄星空

拍摄星空一般不是普通单反相机就能拍摄好的，需要专业的星空望远镜头。有的时候，夜晚星空也格外迷人，特别是在海拔高的地方，可以清晰地看见银河系的轨迹。这个时候如果你要拍摄星空的话要注意：首先要准备一个三脚架，把相机固定在三脚架上保证拍摄时不震动。其次，星空拍摄需要使用 B 门模式，先按下快门曝光，估计曝光时间差不多后，再次按下快门停止曝光。

50mm F3.5 30s ISO100
使用慢速快门对天空进行曝光

10. 4 商业摄影

商业摄影就是为商业用途进行的摄影活动，广义上讲包括出售商品、撰写软文或介绍书籍的图像的产生，狭义上就是指广告摄影。随着如今时尚潮流的不断涌现，商业摄影成为展现时尚的一种媒介。商业摄影的范围非常广泛，它包括产品摄影、广告摄影、人像摄影、照相馆摄影等具有商业性的摄影活动。

10.4.1 广告摄影

广告摄影是主要传达广告信息的一种商业性摄影，图片与文字的结合构成了宣传广告整体。以这种广告的方式来推销产品，能更好、更快地在人们心中留下深刻的印象。广告摄影是一项专门的拍摄技术类摄影，拍摄各种不同质地的物品使用光线方面有着很大的区别，限于篇幅不一一介绍。

55mm F11
1/125s ISO100
硬盘的金属质感得到很好的表现

10.4.2 人像摄影

人像摄影是最古老的摄影艺术形式之一，从表现手法上来看主要是创意人像摄影，这种摄影的方式人为控制的因素非常多，通过使用人造光源，采用打光、摆拍等手段进行创意；另外一种是纪实类人像摄影，主要是在生活中抓拍到具有现实意义和新闻价值的人像照片，大多都是借助自然光和现场光拍摄。这里所说的商业人像摄影是以商业营利为目的的人像拍摄，例如婚纱摄影、人物艺术摄影、儿童艺术摄影等。

65mm F11 1/125s ISO100

M/A
M

第11章 数码摄影的附件

要想拍摄到一幅完美的照片，不仅仅是有好的数码单反相机就可以完成的，它还需要附件的配合。本章节就介绍数码单反相机的各种附件，让你合理地使用。

11.1 闪光灯

11.1.1 内置式闪光灯

定位消费级、入门及和准专业级的数码单反相机，内置闪光灯是不可或缺的，当然也可外接外置专用闪光灯。内置式闪光灯虽然方便，但由于相机上留给它的位置太小因而性能有限。首先，内置闪光灯的强度不足，一般的内置闪光灯的有效照射距离只有大约3~4m。其次，内置闪光灯是固定在机顶上的，高度和照射方向都不可改变，在使用上有很大限制，如使用体积较大的镜头时有可能遮挡闪光灯的光线。

数码单反相机的内置闪光灯

11.1.2 外置专用闪光灯

外置专用闪光灯也称为热靴式电子闪光灯。这类闪光灯是安装在数码单反相机热靴上使用的，热靴式闪光灯的金属触点与相机热靴的触点接触后，按动快门，闪光灯就可以工作。它的外形和重量比便携式电子闪光灯还要小很多，是由数节干电池(或者锂电池)作为电源。每个相机厂家都会为下属品牌的单反相机配备相应的外置专用闪光灯和附件。外置专用闪光灯也有大小之分，但无论大小，外置专用闪光的性能都超过了相机内置闪光灯。

数码单反相机的外置闪光灯

首先，外置专用闪光灯的照射强度远远超过了内置闪光灯，照射距离都在10m以上甚至更远，输出光量还可以进行精细调节。

其次，外置专用闪光灯都有扩散片、反光片、柔光罩等附件，同时灯头也可以进行多角度的转动、俯仰，可以利用墙面、天花板等进行反射闪光以获得柔和的光线效果。最后，外置专用闪光灯还有许多强大的功能设置，如多种闪光模式调节、依据镜头自动变焦调节闪光灯头位置、闪光效果预览、脱机闪光等功能。

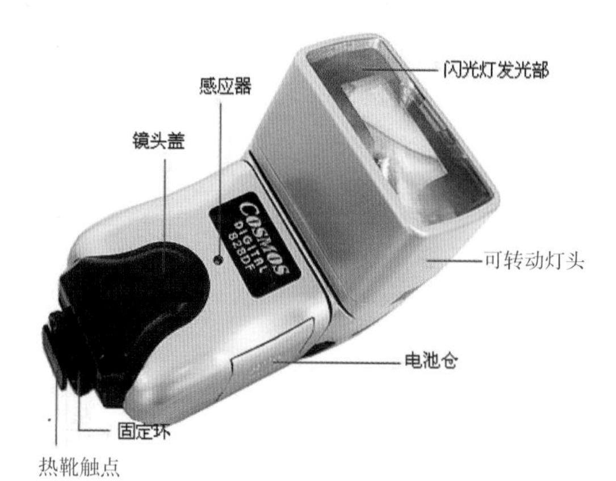

数码单反相机的外置闪光灯结构

11.2 三脚架、独脚架与云台

11.2.1 稳定性和承重

稳定性是衡量三脚架性能的首要标准，能承载重量的多少也是三脚架的重要指标之一。不同的单反数码相机重量上往往相差很大，所以不同的相机对三脚架承重量要求也不同。一般三脚架越大，能承载量也越大，根据承重多少的不同，不同品牌的三脚架都分了不同的型号。

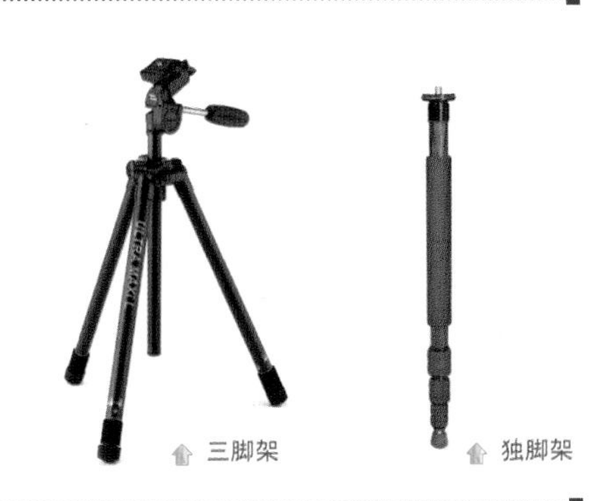

三脚架　独脚架

11.2.2 高度

三脚架的高度指的是它的使用高度和收缩高度，收缩高度指的是三脚架完全收起时的高度，这个高度决定着三脚架是否方便携带，而使用高度则是指三脚架完全打开时的高度，三脚架的使用高度决定着你的拍摄高度，往往能在接近于地面的低角度或者打开后具有一定俯视的高角度的三脚架是比较理想的选择。

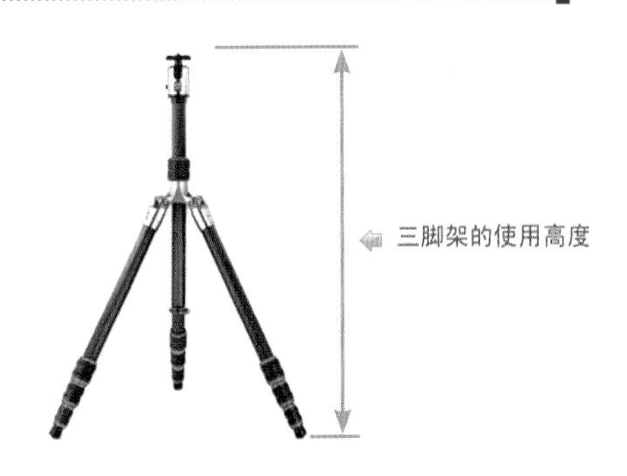

三脚架的使用高度

11.2.3 伸缩节数

三脚架的伸缩节数通常为3~4节，也有2节或5节的，三脚架的伸缩节数直接影响它的承重性能和携带性能。

节数少的三脚架整体性强，稳定性好，但每节的长度会增长，收缩高度也会增长，影响携带性能。节数多的三脚架收缩高度较短，便于携带，但因为分节太多，整体稳定性有所下降，相对稳定性也不及节数少的三脚架。另外节数少的三脚架操作上要比节数多的三脚架方便许多。

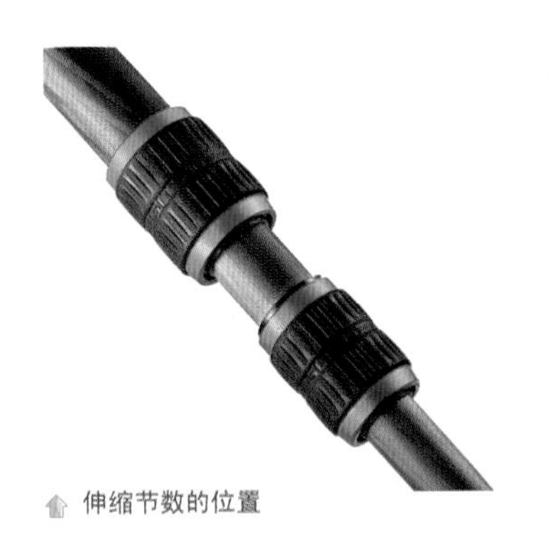

伸缩节数的位置

11.2.4 云台

三脚架用来支撑相机，而相机在三脚架上拍摄时的角度和位置则由云台来决定。云台安置于三脚架上方的云台座上，主要有球形云台、三维云台、悬臂云台这几种。

三脚架云台

11.2.5 球形云台

使用球形云台，相机的位置调整依靠的是一个万向的金属球，甚至一个旋钮就可以将方向锁定，调整到任意拍摄角度。使用起来方便灵活。另外，球形云台没有转向把手，体积较小，便于携带。

球形云台分解图

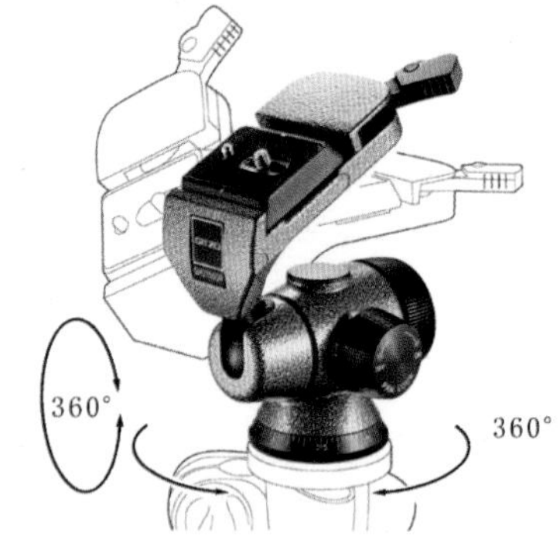

球型云台　是把云台安置在一个半球形或球形防护罩中，除了防止灰尘，还美观、便捷

11.2.6 三维云台

三维云台也叫三向云台，由2~3个旋钮或把手来控制相机的方位，每个旋钮各司其职。大多三维云台都有水平旋转和垂直调整的刻度，便于在拍摄建筑或风光照片时调整地平线水平或建筑物垂直线条。三维云台的缺点是体积较大，一般都有长长的把手，不便于携带，且两三个旋钮在调整时稍显繁琐。

此外还有悬臂云台，是为使用长焦镜头设计的一种三脚架云台。其万向节式设计，可以让你靠近它的重心转动镜头，从而轻易操控长焦镜头。

三维云台　可以精细调整拍摄角度，是室内摄影和建筑摄影的好帮手

11.3 摄影包

摄影包是携带相机的主要工具，好的摄影包不仅对相机有较好的防护作用，而且还便于携带、舒适。根据需要不同可选择不同容量和携带方式的摄影包，常见的摄影包有以下几种。

11.3.1 便携包

可以装入一个机身、一枚镜头和充电器、存储卡、数据线等必要的附件，携带方便，既可单肩背也可当腰包，是喜欢“一镜走天下”的摄影者和旅游爱好者的最佳选择。

便携包

11.3.2 单肩包

单肩相机包

最为常见的摄影包，可以调整包内的布局。除肩带外大多还配有腰带。单肩包在放入一个机身、一枚镜头之余还可以再装入一或两枚镜头及闪光灯等必要的器材。它的缺点也是由单肩背单而引起的，长时间的单肩负重，容易产生肩膀酸痛等不适的感觉，甚至长年累月使用较重单肩包的摄影者还出现左右肩膀高低不同的现象。

11.3.3 双肩包

双肩相机包

双肩摄影包类似于旅游用的背包，负重力量均衡，适合长时间背负，是容量最大的摄影包，同时也是携带能力最好，重量最重的摄影包。不过，高级别的摄影者，应该已经不在意它的重量了。

双肩背摄影包一般都可携带两个以上的机身和两、三枚以上的镜头以及笔记本计算机、 三脚架等必要的附件。但是不足的是双肩包因为是背负于身后，拿取相机时必须先将包卸下，使用起来较为麻烦，另外，因为背负于身后，安全防护性能也较差，使用时需要注意。

衡量一个摄影包的好坏主要从以下几个方面：

a. 结实耐用、防磕碰

摄影包的面料应为耐磨材料，锁扣、拉链等都要能保证较高强度的使用，另外内部支撑物和隔挡片也要有足够的防护能力。

b. 防雨雪、防尘

好的摄影包面料本身就具有一定的防水、防尘能力，大部分摄影包则专门设计了防水防尘罩，平时隐藏起来，在下雨或风沙较大的时候可以将整个摄影包罩起来。

c. 内部布局合理

各种形状、规格不同的隔挡片设计得是否合理，能不能进行多种布局组合也决定着摄影包的容量。

d. 开合牢靠而灵活

锁扣不易脱落、断裂，拉链能够顺畅地开合，能够容易打开方便拿取相机也是衡量摄影包质量的重要方面。

e. 适于背负或斜挎

背包肩带的位置是否合理，重心是否平衡决定着摄影者在使用中的舒适性，长时间使用摄影包，这一点不能忽视。

f. 外挂附件的性能

三脚架、水壶、雨衣等也是外出摄影的必备物品，装入包内可能有诸多不便，包外设计的网兜、锁扣等是否能合理、平衡地将这些物品外挂起来也显得至关重要。

当然，不是所有的摄影包都具备上述功能，大多数摄影包会具备防磕碰、舒适性等部分特点，消费者可根据自己的器材和需要来选择适合自己的摄影包。

11.4 存储系统

11.4.1 CF卡

CF 卡全称 Compact Flash Card，译为汉语就是“标准闪存卡”。CF 卡采用闪存（Flash）技术，是一种稳定的存储解决方案，不需要电池来维持其中存储的数据。对所保存的数据来说，CF 卡比传统的磁盘驱动器安全性和保护性更高；比传统的磁盘驱动器及 III 型 PC 卡的可靠性高 5 到 10 倍，而且 CF 卡的用电量仅为小型磁盘驱动器的 5%。CF 卡使用 3.3V 到 5V 之间的电压工作（包括 3.3V 或 5V）。这些优异的条件使得大多数数码单反相机选择 CF 卡作为其首选存储介质。但是由于 CF 卡性能的限制。它的工作温度一般是 0 ~ 40℃。因此在寒冷的环境中，如果保温措施不当，你的数码单反相机在工作中是很容易出现问题的。

CF 存储卡

11.4.2 SD卡、SDHC卡

SD 卡全称 Security Digital Card, SDHC 则是 Secare Digital High Capacity 的缩写，即“高容量 SD 存储卡”。SD 卡优点一是体积小，大小犹如一张邮票，重量也只有 2 克，却拥有高记忆容量、快速数据传输率、极大的移动灵活性以及很好的安全性。第二是不易损坏， SD 卡在 24mm×32mm×2.1mm 的体积内结合了 SanDisk 快闪记忆卡控制与 MLC（Multilevel Cell）技术和 Toshiba（东芝）0.16um 及 0.13um 的 NAND 技术，通过 9 针的接口界面与专门的驱动器相连，不需要额外的电源来保持其上记忆的信息。而且它是一体化固体介质，没有任何移动部分，所以不用担心机械运动的损坏。

2G SD 存储卡

Micro-SD 卡的正反面

8G SDHC 存储卡

16G SDHC 存储卡

32G SDHC 存储卡

11.4.3 记忆棒

记忆棒全称 Memory Stick，它是由日本索尼（SONY）公司研发的移动存储媒体，在索尼的所有影音产品上都可以兼容，有极高的通用性。记忆棒的优势在于：

1. 其小巧的尺寸同样适应小型便携产品的发展；

2. 高度的可靠性，因为采用了无移动空间的电晶体结构，所以记忆棒的设计可以高度抗震动及摇动，更少的连接插脚，具有更高的可靠性；

3. 自洁式性能设计，由于导向式插槽是倾斜的，因此当记忆棒被插入插槽时，灰尘会被自动清除。独特的导向式插槽防止使用者接触到连接插脚，因而避免灰尘或静电损坏芯片；

4. 预防删除，通过滑动每个记忆棒背面的预防删除开关，可以避免使用者意外地丢失重要内容和数据。

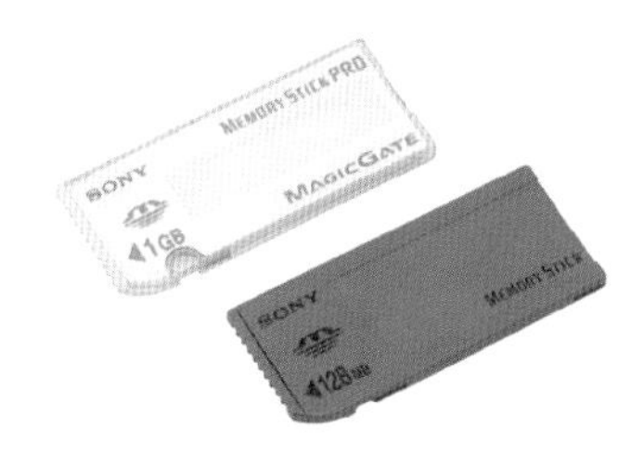

索尼记忆棒

4G 索尼记忆棒

11.4.4 读卡器

数码单反相机都配有数据线，以便将相机中的照片传输到计算机上。要是单独使用存储卡来转存照片还必须带上相机和数据线，这样就很麻烦。幸好有了“读卡器”，为使用者提供了更大的方便。读卡器都带有 USB 连线或与其一体化的接口，方便与计算机连接。

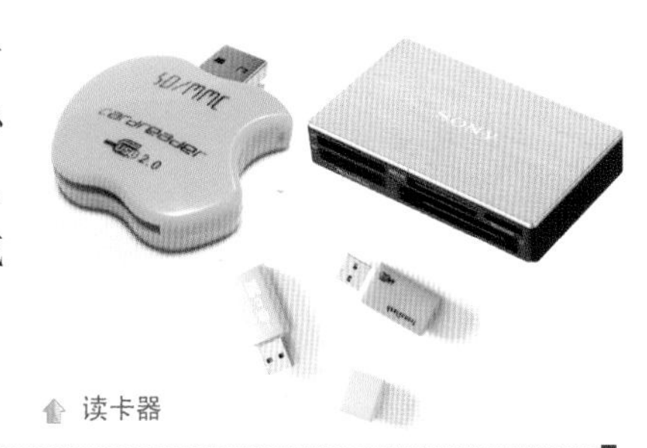
读卡器

11.4.5 数码伴侣

数码相机伴侣其实就是大容量的便携式的数码照片存储器，并且在存储的过程中无需计算机支持，可以直接与存储卡连接，进行数据的传输与存储。是由一个由高速大容量移动硬盘十多种读卡器的合二为一的数码储存装置。现在有很多的数码伴侣同时还具备了多媒体播放等娱乐功能。

数码相机伴侣的作用是转存数码存储卡上的数据，能读取多少种存储卡是选购数码相机伴侣的关键，数码相机卡的种类很多，所以数码伴侣的兼容性越大，使用范围也就越广了。选择一款合适的数码伴侣，要考虑它的容量、读写速度、抗震性能以及电池的续航能力，当然，拥有强大的多媒体功能也能在拍摄之余成为休闲娱乐的好伴侣。

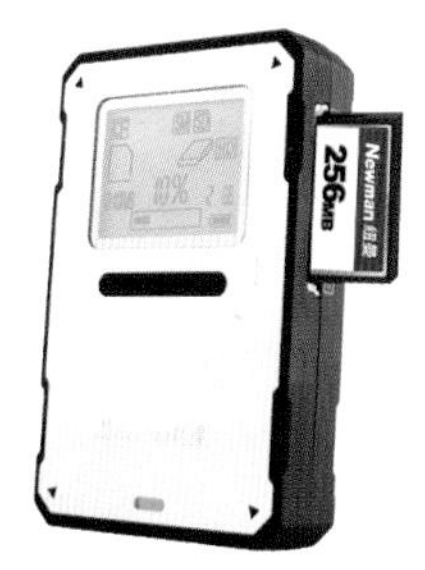

多功能数码伴侣

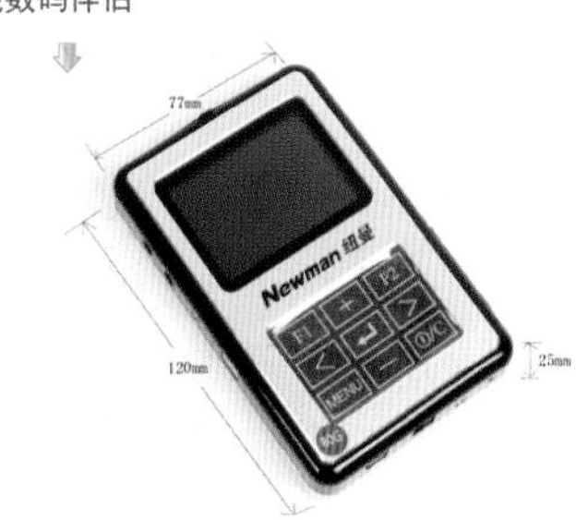

11.5 数码单反相机的保养

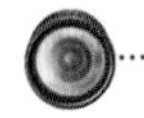

11.5.1 日常使用注意事项

注意防尘防湿

在拍摄过程中，如果暂时不用，应盖好镜头盖；长时间不用时，应将相机放入专用箱内，特别是在潮湿和多尘的环境中拍摄时，应尽量减少外界灰尘和湿气对相机的污染。如果周围环境湿度较大，特别是通风不良或湿度超过 60%，很容易导致相机的电路故障，也容易使镜头发霉。在雾中、雨中或海边拍摄时，切勿让相机受潮，避免受雨水淋或海水溅射，否则将引起故障。在这样的环境中拍摄时，可为相机加装防水罩，拍完尽快放入专用箱内。

远离磁场和电场

数码单反相机的关键部件，如感光元件和传感器等对强磁场和电场都很敏感，强磁场和电场会使这些部件的功能不能正常工作。

勿摄强光

数码单反相机采用 CCD 或 CMOS 作为感光原件，对于强光和高温的耐力比较强，但是即使是这样，它受强光的能力还是有限的。为保证拍摄质量和成像器件不受到损伤，不要直接拍摄太阳或者强烈的灯光。否则，可能会损害图像传感器和导致拍摄者眼睛烧伤。

注意防震

数码单反相机采用高精密的电子元件和光学系统，无论操作还是运输，都要避免强烈震动和碰撞。

冬季使用注意事项

在冬季低温严寒的室外环境进行拍摄时，如果不采取一些必要的措施，可能会对相机造成损坏。因此，应该尽量减少暴露在严寒空气中的时间。从室外进入室内，不要立即取出相机，一定要让相机在包中经过一段适应期，方可取出。不然可能会因为温差过大而使相机的机身和镜头内外凝成水珠，当出现这种情况时，相机很可能会出现故障。此时，应立即将相机放到干燥的环境中，待水珠完全消除后，方可使用。为了避免结露，解决的办法是在进入室内前把相机和镜头放置在密封的塑料袋中，让热空气凝在塑料袋上，待相机与室内温度一致时再取出。

北方的冬季非常干燥，人体携带大量静电，有时瞬间释放的静电会对相机的电子系统造成损坏，建议在拿取相机之前，先触摸其他金属物体释放静电。

夏季使用注意事项

数码单反相机应避免在过热或过冷的地方操作，适宜的工作温度为 -10 ~ 45℃。夏季天气炎热，室外温度高，在室外拍摄过程中要注意降温。高温环境里拍摄时间不能太长，要间歇性将相机拿到通风阴凉的地方降温。

数码单反相机的骨架

11.5.2 清洁机身和镜头

清洁机身

首先，应该避免机身碰伤、划伤。在雨雪天气拍摄容易弄湿相机的机身，而这些水中都夹杂着许多尘土，在擦拭过程中极易对机身造成损坏。

在清洁机身时，不能使用酒精或其他化学清洁剂清洗，否则会使机身变色或受损。可用气吹去除表面灰尘后再用干净的软布擦拭。对于顽固的污点，用湿布擦拭后，再用干布擦干。

清洁用气吹

清洁感光元件

数码单反相机由于在更换镜头时，内部结构裸露在外，因此光学传感器沾染灰尘几乎是无法避免的。而许多厂商也把自带除尘系统作为自家数码单反相机的卖点。如果相机本身没有自动除尘功能，则可以使用 CCD/CMOS 专用清洁工具。

CCD 专用清洁工具由一根清洁棒和具有很强吸附能力的清洁头组成。数码单反的 CCD 或 CMOS 上方都覆盖着光学低通滤波器，而沾染灰尘后需要清洁的也是它。当其与 CCD/CMOS 前面的低通滤镜接触时就可以带走各种污物。而其形状也是为了有效清理死角而设计，可以触及低通滤镜的各个角落。清洁棒的顶部采用了正方形设计橡胶块，材质十分柔软，不但不会刮坏低通滤波器表面，同时还能够有效地清理 CCD/CMOS 上的灰尘。这种清洁器自身可产生静电吸附尘粒，从而有效地防止清洁过程中的二次污染。如果你没有这种特殊的工具，也可以将相机设定为“B 门”，当 CCD/CMOS 显露出来后，用气吹来清理。

用清洁棒清洁 CCD/CMOS

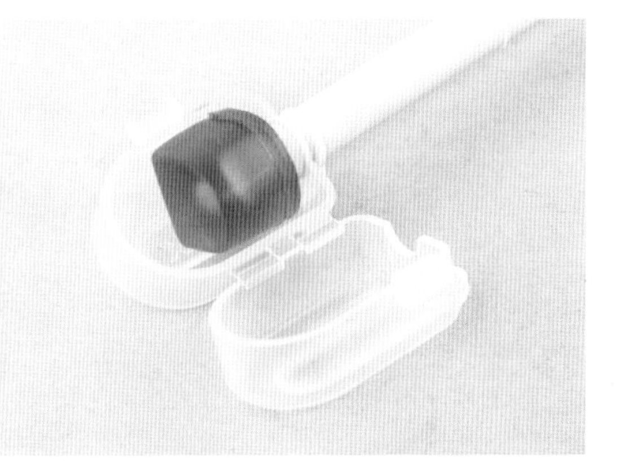

清洁棒头部橡胶块

11.6 电池的使用与保存

电池充电

对于新购买的相机，给电池第一次充电时必须有足够长的充电时间。一般而言，锂电池的充电时间要在 6 小时以上，如果充电时间不足，电池的使用时间则会变短。一块新的电池要经过 3~5 次完全充 / 放电的过程，电池的蓄放能力才能发挥到最佳状态。锂电池是随用随充。

电池的使用

电池在使用过程中要避免出现过放电情况。一次消耗电能超过限度，即使再充电，其容量也不能完全恢复，对于电池是一种损伤。由于过放电会导致电池充电效率降低，容量减小，因此数码单反相机均设有电力警告功能。出现电力警告标志后，应及时更换电池并进行充电，尽量不要让电池电量耗尽而使相机自动关机。

电池的保存

如果长时间不使用相机，必须将电池从相机或充电器中取出，存放在干燥、阴凉的环境中。要尽量避免将电池与一般的金属物品放在一起，防止出现电池短路的情况。电池不使用时，应加上保护盖妥善保存。

11.7 数码单反相机镜头的清洁

镜头的好坏直接决定相机成像质量，如果不注意保养和维护镜头，会导致其工作质量的下降，包括影像质量降低等问题。因此，拍摄之后要及时盖上镜头盖，镜头盖是防尘最实用的工具，它可以有效地保护镜头。

镜头表面是一块高质量的光学玻璃，表面有非常薄的多层保护涂层，要避免油污以及手指触摸的污染。在清洁镜头时，千万不要用纸巾擦拭，最好使用镜头纸或者麂皮。有时相机使用了较长时间，镜头变得比较脏，单靠镜头纸擦拭已经达不到要求了，这时就需要对镜头进行清洗。

清洗时，先用软刷和吹气球除去镜头上的灰尘颗粒，然后在镜头纸上滴上一滴镜头专用清洗液，在镜头上由中心向外轻轻擦拭，擦干净后用干净的镜头纸擦干。在擦拭的过程中千万不要用力挤压镜头，以免损伤镜头表面涂层。除了利用镜头纸和镜头布，还可以使用镜头笔来清洁镜头。使用镜头笔进行清洗，同样需要从镜头中间向外轻轻擦拭。

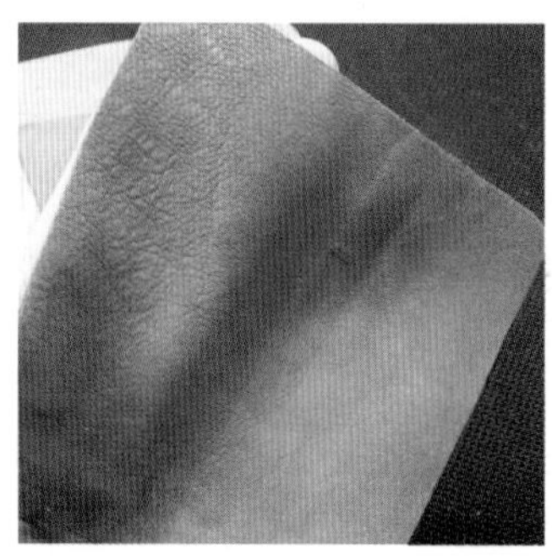

擦拭镜头用的麂皮

镜头布擦拭镜头时，应平整地折叠成多层，保证布或纸上没有杂质，然后用力均匀的以螺旋形轨迹在镜头表面擦过

由于镜头很容易直接接触到灰尘、水滴或手指印，造成镜面磨损，影响相机成像质量，因此，在镜头的外面加装一片 UV 镜，可以保护镜头不直接受到污染或损伤。